Akhil Khare
Pallavi Shrivastava
A.V.Krishna Prasad

Realidade aumentada

Akhil Khare
Pallavi Shrivastava
A.V.Krishna Prasad

Realidade aumentada

- Dispositivos e componentes

ScienciaScripts

Cover image: www.ingimage.com

This book is a translation from the original published under ISBN 978-3-659-78843-7.

Publisher:
Sciencia Scripts
is a trademark of
Dodo Books Indian Ocean Ltd. and OmniScriptum S.R.L publishing group

120 High Road, East Finchley, London, N2 9ED, United Kingdom
Str. Armeneasca 28/1, office 1, Chisinau MD-2012, Republic of Moldova, Europe
Printed at: see last page
ISBN: 978-620-8-23640-3

DEDICAÇÃO

ESTE LIVRO É DEDICADO AOS MEUS PAIS,

SARITA KHARS

E

Sr. RAJENDRA KHARE

RESUMO

A Realidade Aumentada é um campo da ciência em que um utilizador é capaz de ver tanto o ambiente real como o virtual no mesmo espaço sem ser capaz de os distinguir. Assim, na realidade aumentada, os objectos virtuais 3D são sobrepostos aos objectos reais 3D em tempo real, enquanto no ambiente virtual o utilizador está completamente imerso num ambiente que foi criado virtualmente. A realidade aumentada ajuda a melhorar o mundo real circundante com a ajuda de objectos gerados por computador. Os dois paradigmas mais comuns da realidade aumentada são a lente mágica e o espelho mágico, que ajudam a visualizar o ambiente aumentado. A realidade aumentada baseada em marcadores utiliza marcadores fiduciais e etiquetas de RA para gerar a vista aumentada. Vários ecrãs montados na cabeça que podem ser utilizados para aumentar a realidade para o utilizador incluem os ecrãs de vídeo, os ecrãs baseados em monitores, os ecrãs ópticos e os sistemas de retina virtual. Estes ecrãs montados na cabeça, como o nome sugere, são usados pelo utilizador sobre a cabeça e, consoante o tipo de ecrã, a imagem integrada, ou seja, a imagem aumentada do real e do virtual, é mostrada ao utilizador. O requisito básico para implementar um ambiente de realidade aumentada inclui um gerador de cenas, um dispositivo de localização e deteção e ecrãs. Embora não seja necessário um ecrã de alta qualidade e um gerador de cenas potente para implementar a realidade aumentada, é necessário um requisito rigoroso para seguir e detetar a localização do utilizador. Embora o problema do registo na realidade aumentada seja uma preocupação, o principal desafio da RA é a localização. A realidade aumentada tem sido implementada em vários domínios, como as aplicações médicas, de fabrico, de reparação, de visualização e militares. Vários exemplos da vida real em que a realidade aumentada foi implementada são o jogo do comboio invisível, o Quake AR, a aplicação de realidade aumentada para telemóvel, a realidade aumentada baseada em papel, o papel interativo, o mosaico de vídeo, etc.

À medida que os ambientes virtuais aumentam de tamanho, torna-se mais complexo mantê-los. Existe um número muito grande de entidades e cada uma delas é suscetível de ser alterada e a maior parte delas é capaz de alterar outras entidades. Todas estas alterações efectuadas no ambiente têm de ser enviadas para todas as estações de trabalho que estão online e que participam no ambiente. Estas mensagens são-lhes enviadas sob a forma de mensagens de atualização. Muitas destas mensagens geradas não são úteis e são desperdiçadas. Estas mensagens apenas aumentam o tráfego na rede e afectam o desempenho do sistema. Existem muitos mecanismos para reduzir e eliminar as mensagens extra e este processo é conhecido como gestão de interesses. A gestão de interesses pode ser efectuada com base na visibilidade, na aproximação e em muitas outras abordagens. A questão fundamental da gestão de interesses é o facto de ter de ser feita tendo em conta a consistência do sistema, uma vez que os ambientes virtuais requerem um acesso rápido ao sistema e devem ser capazes de processar alterações 3D a uma velocidade superior. Um dos bons exemplos de um ambiente virtual é o diamond park, que utiliza o conceito de locais e balizas para manter a coerência do sistema.

ÍNDICE DE CONTEÚDOS:

CAPÍTULO 1

Introdução

1.1 Evolução da Realidade Aumentada

A realidade aumentada (RA) pode ser definida como referindo-se a casos em que um ambiente real é "aumentado" por meio de objectos virtuais. Trata-se de um domínio da ciência em que os objectos virtuais 3D são integrados num ambiente 3D real em tempo real.

No ambiente de Realidade Aumentada, os objectos virtuais são sobrepostos ou compostos com o mundo real, ou seja, um utilizador pode ver tanto o ambiente real como o virtual no mesmo espaço sem conseguir distinguir entre os dois. A Realidade Aumentada cria a sensação de que os objectos virtuais estão presentes no mundo real. A RA é mais eficaz quando o ambiente virtual é associado ao tempo real.

A sobreposição de uma imagem 2D num vídeo digital é o exemplo mais simples de Realidade Aumentada, mas para uma demonstração mais impressionante de Realidade Aumentada são adicionados objectos 3D a um vídeo em tempo real. A adição de objectos virtuais a uma cena é designada por Realidade Aumentada Visual.

Os paradigmas comuns para implementar a Realidade Aumentada são o espelho mágico ou a lente mágica. Ivan Sutherland criou um protótipo funcional do primeiro sistema de Realidade Virtual e do primeiro sistema de RA em 1968 [1]. O sistema de Sutherland exigia que o utilizador usasse um ecrã montado na cabeça, tão pesado que tinha de ser suspenso no teto. Sutherland escreveu: "O ecrã definitivo seria, evidentemente, uma sala em que o computador pudesse controlar a existência da matéria.

Uma cadeira apresentada numa tal sala seria suficientemente boa para nos sentarmos nela. As tecnologias de ambiente virtual ou de realidade virtual mergulham completamente o utilizador num ambiente que foi criado virtualmente. O utilizador não pode ver o ambiente real (verdadeiro) quando está imerso numa Realidade Virtual.

A informação que o utilizador não é capaz de compreender com os seus próprios sentidos é apresentada pelos objectos virtuais em Realidade Aumentada. A Realidade Aumentada pode ser considerada como o "meio-termo" entre o Ambiente Virtual (completamente sintético) e a telepresença (completamente real).

A Realidade Aumentada tem três propriedades: (a) Combinar objectos reais e virtuais num ambiente real em tempo real, (b) Ser executada de forma interactiva para o utilizador em tempo real, (c) Alinhar o objeto virtual e o objeto real entre si.

A figura 1.1 mostra um espaço de conferência virtual onde um avatar virtual interage com três seres humanos reais [11].

Figura 1.1 Espaço de conferência virtual

1.1.1 Odometria visual e reconhecimento de objectos em realidade aumentada

O aumento de capacidade pode ser conseguido através de várias técnicas diferentes. A realidade aumentada é feita de modo a melhorar o ambiente circundante dos utilizadores em tempo real, tendo em conta uma função ou um objetivo. A parte do ambiente gerada por computador faz da realidade aumentada uma tecnologia muito próxima do domínio da realidade virtual [1]. Sendo parcialmente real e parcialmente virtual, a realidade aumentada tem requisitos extremamente rigorosos para poder ser utilizada de forma prática. A ideia de realidade aumentada não é nova e remonta aos anos 60, altura em que foi desenvolvido o primeiro sistema de RA. Convencionalmente, a realidade aumentada é apresentada em tempo real e em contexto semântico com elementos ambientais, como os resultados desportivos na televisão durante um jogo. Com a ajuda de tecnologia avançada de Realidade Aumentada (por exemplo, adicionando visão computacional e reconhecimento de objectos), a informação sobre o mundo real circundante do utilizador torna-se interactiva e digitalmente manipulável. A informação artificial sobre o ambiente e os seus objectos pode ser sobreposta ao mundo real.

A Realidade Aumentada, num contexto mais geral, também pode ser designada por Realidade Mista (RM), que se refere a um espetro de vários eixos de áreas que abrangem a Realidade Virtual (RV), a Realidade Aumentada, a telepresença e outras tecnologias relacionadas. A Realidade Virtual é um termo utilizado para ambientes 3D gerados por computador que permitem ao utilizador entrar e interagir com ambientes sintéticos. Os utilizadores podem "mergulhar", em graus variáveis, no mundo artificial dos computadores, que pode ser uma simulação de alguma forma de realidade ou a simulação de um fenómeno complexo.

Na conceção de um sistema de Realidade Aumentada, há três aspectos que contribuem para o êxito do sistema de RA:

(1) Combinação dos mundos real e virtual;

(2) Interatividade em tempo real;

(3) Registo em 3D.

Para além destes factores, outro fator que contribui muito para os sistemas de realidade aumentada é a portabilidade. Em quase todos os sistemas de ambiente virtual, o utilizador não pode deslocar-se muito devido às limitações dos dispositivos. No entanto, algumas aplicações de Realidade Aumentada exigem que o utilizador caminhe realmente por um ambiente amplo. Assim, a portabilidade torna-se uma questão importante.

Um aspeto fundamental dos sistemas de Realidade Aumentada é a forma realista como integram as ampliações no mundo real. O software deve derivar as coordenadas do mundo real, independentemente da câmara, a partir das imagens da câmara. Este processo é designado por registo de imagem e faz parte da definição de Realidade Aumentada de Azuma. O registo de imagens utiliza diferentes métodos de visão por computador, principalmente relacionados com o rastreio de vídeo. Muitos dos métodos de visão por computador da realidade aumentada são herdados da odometria visual. O avanço dos telefones inteligentes, PDA e telemóveis com câmara e processadores levou a Realidade Aumentada a atingir um público mais vasto, chegando a pessoas de diferentes comunidades, facilitando o seu trabalho. O reconhecimento de imagens é frequentemente utilizado para obter informações de ligação a partir de marcadores explícitos ou implícitos numa cena e para desencadear processos, como a recuperação de informações de um sítio Web.

1.1.2 Obstáculos ao desenvolvimento da realidade aumentada

O objetivo da Realidade Aumentada é melhorar o mundo real (mundo físico) através do aumento de objectos virtuais, ou seja, acrescentando-lhe capacidades de comunicação e informação digital. Com o advento do computador, a face de muitas organizações mudou drasticamente, quer se trate de empresas ou de instalações médicas. O software informático facilitou o acesso à informação e reduziu o tempo necessário para criar manualmente uma enorme documentação em papel. Embora se tenha poupado tempo e dinheiro, o trabalho nunca passou totalmente para a gestão eletrónica de documentos [14]. Apenas aumentou a tarefa dos trabalhadores de escritório, porque agora tinham de manter os documentos em papel, bem como os documentos electrónicos.

Outro objetivo da realidade aumentada é criar um ecrã de RA que possa funcionar em qualquer ambiente. O principal problema com o progresso da RA é o problema do registo, ou seja, o alinhamento do mundo real com o virtual. A principal desvantagem do rastreio em circuito fechado é que limita o movimento do utilizador, ou seja, não é flexível ao movimento, restringindo assim o desenvolvimento de produtos comerciais de RA para exterior. Para a utilização desta informação eletrónica no mundo real, a AR desempenha um papel importante. Em vez de substituir os documentos em papel pelos seus equivalentes electrónicos, o papel é ligado diretamente à aplicação em linha relevante. Chamamos a este tipo de documento um documento interativo.

A dimensão temporal foi explorada com a ajuda do Video Mosaic [10]. Ao vermos a imagem, considerá-la-emos como uma simples imagem, mas e se clicarmos em reproduzir e começar a aparecer um clip de vídeo e as legendas, ou se pudermos gravar e acrescentar anotações? Os segmentos do storyboard podem ser geridos como edição, gravação e anotação. Cada elemento do storyboard tem um código de barras e, ao apontar para um determinado comando projetado no ambiente de trabalho, os elementos são organizados. Os storyboards são normalmente constituídos por uma série de "planos", cada um contendo um "melhor quadro" ou esboço de uma imagem representativa de uma sequência de movimentos, o diálogo ou locução correspondente e notas sobre os planos ou a cena.

A ligação entre os mundos físico e digital é um objetivo de longa data da realidade aumentada. O reconhecimento de imagens é frequentemente utilizado para obter informações de ligação a partir de marcadores explícitos ou implícitos numa cena e para desencadear processos, como a recuperação de informações de um sítio Web. As anteriores técnicas de realidade aumentada para documentos em papel alteram o seu aspeto com códigos de barras ou papel texturado. Muitas vezes, é necessário utilizar um dispositivo especial, como uma caneta com uma câmara, para reconhecer o código incorporado. Todas estas caraterísticas inibem a utilização da realidade aumentada em documentos em papel. As imagens de pequenos fragmentos de texto contêm informação suficiente para os tornar tão únicos como uma impressão digital. Foi possível distinguir uma pequena região retangular (uma polegada quadrada) de entre milhares de outros fragmentos de imagens de texto. Esta caraterística pode ser utilizada para identificar o original eletrónico de um determinado documento em papel [3, 4].

O formato do documento em papel constitui um problema para a apresentação da Realidade Aumentada. A RA baseada em papel melhora a utilidade do papel e não altera o formato do mesmo. O PBAR pode ser utilizado para páginas Web impressas, documentos impressos comercialmente e para saídas de PC. Um telemóvel com câmara pode ser utilizado para navegar nas informações disponíveis com a ajuda de páginas impressas.

O objetivo de longa data da RA é ligar os mundos digital e físico. Para obter informações de ligação a partir dos marcadores implícitos ou explícitos numa cena, tal como em processos como a recuperação de informações da Internet, é frequentemente utilizado o reconhecimento de imagens.

Na Realidade Aumentada Baseada em Papel (PBAR) [2], os pequenos fragmentos de texto de um documento impresso são representados como imagens e podem ser utilizados eficazmente como impressões digitais, ou seja, um pequeno fragmento de texto de forma retangular pode ser distinguido de outro fragmento de texto. Assim, a posição orbitária x-y da mancha de texto num documento impresso pode ser associada a dados electrónicos. A abordagem PBAR em Realidade Aumentada é aplicada com a ajuda de uma câmara para reconhecer manchas de texto.

A definição de RA não se restringe a tecnologias de visualização específicas, como um ecrã montado na cabeça (HMD). Também não se limita ao sentido da visão. A RA pode aplicar-se potencialmente a todos os sentidos, incluindo a audição, o tato e o olfato. Certas aplicações de RA exigem também a remoção de objectos reais do ambiente percebido, para além da adição de objectos virtuais [13]. A tarefa de remover objectos reais é designada por realidade mediada ou diminuída, mas é considerada um subconjunto da RA. Os recentes avanços na RA incluem as tecnologias de apoio, os ecrãs de cabeça, os ecrãs de projeção, o problema da visualização e os sensores de localização. Os estudos dos factores humanos e os problemas de perceção também devem ser considerados na conceção de uma aplicação de realidade aumentada.

Para um seguimento preciso da cabeça e de outros objectos presentes no ambiente, é necessário um registo e um posicionamento precisos dos elementos virtuais no mundo real. O requisito mais rigoroso da RA é o seguimento e a deteção de longo alcance, o que não é tão rigoroso em ambientes virtuais. Assim, as três áreas seguintes da RA dependem da precisão do localizador e do sensor: maior precisão, maior variedade e largura de banda de entrada, maior alcance [1].

O aumento de capacidade pode ser conseguido através de várias técnicas diferentes. O aumento é feito para melhorar o ambiente circundante do utilizador em tempo real, tendo em conta uma função ou um objetivo. A parte do ambiente gerada por computador faz da RA uma tecnologia muito próxima do conceito de realidade virtual. Sendo parcialmente real e parcialmente virtual, a realidade aumentada tem requisitos bastante extremos para poder ser utilizada na prática. A ideia de realidade aumentada não é nova e remonta à década de 1960, altura em que foi desenvolvido o primeiro sistema de RA [11,13].

1.1.3 Tecnologias de visualização em Realidade Aumentada

Existem três grandes tecnologias de ecrã que são principalmente utilizadas para a realidade aumentada: -

1) Ecrãs montados na cabeça: - Um ecrã montado na cabeça (HMD) coloca imagens sobre a visão que o utilizador tem do mundo, tanto do mundo físico como de objectos gráficos virtuais registados. Os HMD podem ser de visualização vídeo ou de visualização ótica. A informação é sobreposta pelos HMD ópticos que utilizam espelhos semi-prateados para fazer passar as imagens através da lente. O HMD deve proporcionar seis graus de liberdade e deve ser monitorizado por um sensor. Este seguimento permite que o sistema alinhe a informação virtual com o mundo físico. A principal vantagem dos HMD AR é a experiência imersiva do utilizador.

2) Ecrãs de mão: - Os ecrãs de mão utilizam um pequeno ecrã que cabe na mão do utilizador. A AR de mão anterior utilizava marcadores fiduciários e, mais tarde, unidades GPS e sensores MEMS, como bússolas digitais. A AR com ecrãs

de mão constitui o primeiro êxito comercial das tecnologias de AR. As duas principais vantagens da RA de mão são a natureza portátil dos dispositivos de mão e a natureza omnipresente dos telemóveis com câmara. As desvantagens são as limitações físicas do utilizador, que tem de manter o dispositivo portátil sempre à sua frente, bem como a distorção das câmaras de telemóveis classicamente de grande angular quando comparadas com o mundo real visto através dos olhos [5].

3) Ecrãs espaciais: - A Realidade Aumentada Espacial (RAE) utiliza projectores digitais para apresentar informações gráficas em objectos físicos, em vez de o utilizador usar ou transportar o ecrã, como acontece com os ecrãs montados na cabeça ou os dispositivos portáteis. O ecrã está separado dos utilizadores do sistema em SAR. O SAR adapta-se naturalmente a grupos de utilizadores, permitindo assim a colaboração entre utilizadores, uma vez que os ecrãs não estão associados a cada utilizador. Uma das principais vantagens do SAR em relação aos tradicionais ecrãs montados na cabeça é que o utilizador não tem de transportar ou usar o ecrã sobre os olhos. Isto faz da RA espacial um bom candidato para o trabalho colaborativo, uma vez que os utilizadores podem ver os rostos uns dos outros. Sem que cada utilizador tenha de usar um ecrã montado na cabeça, um sistema pode ser utilizado por várias pessoas ao mesmo tempo.

A necessidade de realidade aumentada em domínios como a teleconferência é cada vez maior, principalmente devido a razões económicas e ambientais, uma vez que o transporte de pessoas para reuniões presenciais consome muito tempo, dinheiro e energia. Os mundos virtuais 3D multiutilizadores em massa ganharam recentemente popularidade como ambientes de teleconferência. A nova era tem assistido a uma popularidade crescente das estruturas de equipas virtuais nas organizações, numa análise aprofundada da literatura sobre equipas virtuais; conclui-se que "com raras excepções, todas as equipas organizacionais são virtuais até certo ponto". Temos de trabalhar com pessoas de todo o mundo, em vez de trabalhar com pessoas que estão visualmente próximas de nós.

Uma equipa virtual pode ser definida como "equipas virtuais como grupos de trabalhadores dispersos geograficamente, organizacionalmente e/ou no tempo, reunidos por tecnologias de informação para realizar uma ou mais tarefas da organização". A medida de dispersão geográfica dentro de uma equipa virtual pode variar muito, desde ter cada membro localizado num país diferente até ter um membro localizado num local diferente do resto da equipa. [16].

De acordo com as conclusões dos cientistas, uma equipa virtual tem de preencher as seguintes caraterísticas para ser considerada uma equipa virtual:

1) Geograficamente dispersos (em diferentes fusos horários)
2) Motivados por um objetivo comum (orientados por um objetivo comum)
3) Possibilitada pelas tecnologias de comunicação
4) Envolvidos na colaboração transfronteiriça [16]

Com cada nova inovação e avanço tecnológico, as equipas virtuais estão a avançar.

1.2 Continuum Realidade-Virtualidade

O Capítulo 2 inclui os fundamentos da realidade aumentada, a sua história de origem, os conceitos de telepresença, a sua emergência como um campo multidisciplinar, os paradigmas da realidade aumentada, as suas várias caraterísticas, o ambiente virtual, a deteção na realidade aumentada, as suas aplicações e exemplos. O objetivo ambicioso da RA é criar a sensação de que os objectos virtuais estão presentes no mundo real. Para conseguir este efeito, o software combina elementos de realidade virtual (RV) com o mundo real. A Realidade Aumentada é mais eficaz quando os elementos virtuais são adicionados em tempo real. Por este motivo, a RA envolve normalmente o aumento de objectos 2D ou 3D numa imagem de vídeo digital em tempo real. Ivan Sutherland criou um protótipo funcional que é considerado o primeiro sistema de Realidade Virtual e o primeiro sistema de Realidade Aumentada. O termo "realidade virtual" foi introduzido pela primeira vez por Jaron Lanier, o fundador da VPL Research, uma das primeiras empresas a vender sistemas de realidade virtual. O domínio da realidade aumentada pode ser considerado como uma interface entre a realidade virtual e a telepresença [14]. Na realidade virtual, o ambiente circundante do utilizador é completamente sintético; na telepresença, é completamente real, enquanto na realidade aumentada o ambiente não é nem completamente sintético nem completamente real, mas é uma combinação realista de ambos. O domínio da realidade aumentada, apesar de ser uma disciplina nova, surgiu muito rapidamente e reúne vários campos da ciência e dos cientistas, incluindo peritos em computação humana, psicólogos, físicos, engenheiros informáticos, engenheiros electrotécnicos, etc. A figura 1.2 mostra a descrição da realidade mista.

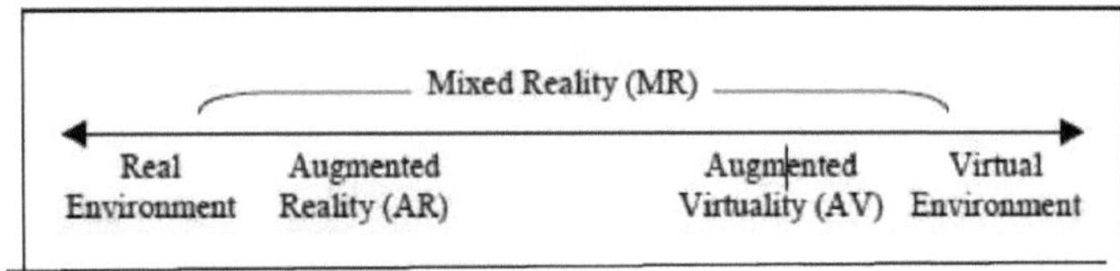

Figura 1.2 O continuum Realidade-Virtualidade de Milgram

A realidade aumentada pode ser obtida através de duas abordagens diferentes: a lente mágica e o espelho mágico. Na abordagem do espelho mágico, utilizamos uma câmara de vídeo e o espelho funciona como um ecrã no qual a imagem ou o vídeo podem ser aumentados em tempo real. Já a abordagem da lente mágica funciona de uma forma completamente diferente, em que o utilizador vê a imagem utilizando uma lente transparente que contém elementos de realidade aumentada. A realidade aumentada também utiliza marcadores para indicar a posição exacta em que a imagem deve ser apresentada. São utilizados vários tipos de marcadores, desde marcadores manuais a LED, mas os marcadores mais utilizados são os padrões únicos impressos num papel que podem ser identificados pelo software de realidade aumentada.

As várias caraterísticas da realidade aumentada dependem dos mecanismos utilizados para apresentar a cena de realidade aumentada, que são os HMD de visualização ótica, os HMD de visualização de vídeo e os HMD de retina. Num HMD de visualização ótica, o utilizador pode ver parcialmente o ambiente real e permite que uma certa quantidade de luz do mundo real entre no sistema. Já o sistema de visualização por vídeo utiliza uma câmara de vídeo que capta a visão do mundo real, misturando-a com a cena a ser aumentada e apresentando-a ao utilizador num monitor à sua frente. Os visores virtuais de retina, por outro lado, projectam um feixe de luz modulado (a partir de uma fonte eletrónica) diretamente na retina do olho, produzindo uma imagem rasterizada. Isto provoca uma excelente visão estéreo com um amplo campo de visão, cores completas e sem cintilação. As várias questões relativas ao ecrã de realidade aumentada são a focagem e o contraste da imagem e a portabilidade de todo o dispositivo. Embora a exigência de ecrãs de alta qualidade e de geradores de cenas seja rigorosa em ambientes virtuais, em ambientes de realidade aumentada é necessário um requisito muito mais elevado de rastreio e deteção precisos. Uma das principais limitações da realidade aumentada é o problema da deteção e do registo. É necessária uma maior precisão e um maior alcance para um sistema de realidade aumentada.

A RA está a ganhar popularidade rapidamente, mas é ainda uma tecnologia incipiente. A maioria das aplicações actuais são académicas, mas existem alguns produtos comerciais no mercado. Estas aplicações incluem tudo, desde a conceção do chão de fábrica até à narração de histórias. Com base na grande amplitude destas utilizações, é evidente que a RA tem um futuro promissor. Os vários domínios em que a realidade aumentada está a ser eficazmente utilizada incluem a medicina (em que os médicos podem efetuar cirurgias virtuais, TAC e ultra-sons para tratar a doença do doente), a construção, o fabrico e a reparação (em que a localização das peças pode ser marcada e a reparação pode ser efectuada em conformidade), aplicações militares (para simulação de voo e prática de tiro ao alvo). Exemplos de realidade aumentada são o jogo do comboio invisível, o terramoto de realidade aumentada, a visão de um submarino de realidade aumentada, aplicações móveis, maquetas de arquitetura, etc.

1.3 Realidade Aumentada Colaborativa e sua Implementação

O capítulo 3 inclui a fusão do ambiente real e do ambiente virtual, que apresenta uma introdução às estratégias de aumento da realidade. Inclui também os conceitos de simulação interactiva em papel, storyboard interativo em papel, realidade aumentada baseada em papel, os seus algoritmos e aplicações, realidade aumentada colaborativa e integração da realidade aumentada na Web e questões que lhe dizem respeito.

As várias estratégias utilizadas pelas aplicações de realidade aumentada incluem o aumento do utilizador, o aumento do objeto e o aumento do ambiente. O ambiente virtual foi transformado em realidade aumentada através da sobreposição de objectos virtuais no ambiente real. As aplicações de realidade aumentada permitem às pessoas inferir a partir de ecrãs visíveis. Um médico pode ver a imagem de ultra-sons de um bebé no útero de uma mãe sobrepondo-lhe a imagem ultra-sónica (captando a imagem da mãe e detectando a posição correta) com a ajuda do dispositivo que está a usar (um dispositivo de realidade aumentada vestível). Um técnico de aeronaves durante a reparação sobrepõe a imagem do manual eletrónico às peças reais da aeronave. É necessário um acoplamento e um registo rigorosos para estas aplicações, devido à calibração das imagens electrónicas e das vistas particulares do ambiente real. Nesta abordagem, os objectos físicos são aumentados diretamente. Por exemplo, uma criança pode utilizar um flip-flop para arrancar ou parar um carro, variando o ruído, bastando para isso acrescentar um sensor de som ao acionamento do motor. Outra abordagem é a "computação ubíqua", em que os objectos especialmente criados são detectados por sensores colocados em todo o edifício. A abordagem "Augmenting the environment" considera os movimentos feitos pelo corpo humano no mundo físico que se reflectem num ecrã. O utilizador pode interagir com documentos electrónicos sem usar equipamento especial ou modificar o objeto, por exemplo, numa secretária digital [3] é utilizada uma câmara para captar o que o utilizador aponta e, depois, utilizando a técnica OCR (Optical Character Reader), é refletido numa folha de cálculo e, com a ajuda de um projetor, é novamente apresentado numa secretária. Assim, a informação no papel pode ser interpretada em diferentes formatos, como a conversão de imagens 2D em imagens 3D, a conversão de imagens fixas numa sequência de vídeo, a verificação ortográfica, a tradução e vários cálculos aritméticos podem ser efectuados apenas apontando para os dados no papel.

As informações impressas em papel não podem ser alteradas e tornam-se estáticas, pelo que muitos utilizadores de computadores mantêm dois sistemas de arquivo paralelos, um para os seus documentos electrónicos e outro para os seus documentos em papel. Os dois estão muitas vezes relacionados, mas raramente são idênticos, e é fácil perderem a sincronia. Muitos criadores de aplicações de software compreendem este problema e tentaram substituir o papel por completo, normalmente fornecendo versões electrónicas de formulários em papel. Embora isto funcione em algumas aplicações, para muitas outras, os utilizadores acabam por ter de fazer malabarismos com versões em papel e electrónicas da mesma informação. No entanto, ao utilizar a abordagem de Realidade Aumentada, o supervisor coloca o desenho num local especificado e o Ariel (UNIX) identifica um desenho com a ajuda de um código de barras e capta as notas escritas à mão e a posição da caneta de luz utilizando uma câmara de vídeo [3].

A dimensão temporal foi explorada com a ajuda do Video Mosaic [10]. Os segmentos do storyboard podem ser geridos como edição, gravação e anotação. Embora os sistemas de edição de vídeo em linha estejam disponíveis há mais de uma década, a maior parte das pessoas continua a utilizar storyboards em papel: são portáteis e fáceis de ler, anotar e trocar com outras pessoas. Os sistemas de vídeo em linha facilitam a pesquisa de cadeias de texto e a visualização da ação, mas sofrem de um espaço limitado no ecrã e não são muito portáteis.

A ligação entre os mundos físico e digital é um objetivo de longa data da realidade aumentada. O reconhecimento de imagens é frequentemente utilizado para obter informações de ligação a partir de marcadores explícitos ou implícitos numa cena e para desencadear processos, como a recuperação de informações de um sítio Web. As anteriores técnicas de realidade aumentada para documentos em papel alteram o seu aspeto com códigos de barras ou papel texturado. Muitas vezes, é necessário utilizar um dispositivo especial, como uma caneta com uma câmara, para reconhecer o código incorporado. Todas estas caraterísticas inibem a utilização da realidade aumentada em documentos em papel. As imagens de pequenos fragmentos de texto contêm informação suficiente para os tornar tão únicos como uma impressão digital. Foi possível distinguir uma pequena região retangular (uma polegada quadrada) de entre milhares de outros fragmentos de imagens de texto. Esta caraterística pode ser utilizada para identificar o original eletrónico de um determinado documento em papel. No entanto, essas manchas de texto podem ser utilizadas como marcadores num sistema de realidade aumentada em que posições x-y arbitrárias em passagens de texto impresso podem ser associadas a dados electrónicos. As duas aplicações básicas da realidade aumentada baseada em papel [2] são os documentos auto-impressos e os guias de viagem.

1.3.1 Colaboração presencial e remota

Com o avanço da tecnologia, tem havido uma melhoria constante através da qual uma pessoa pode interagir com o seu ambiente de formas que se pensava serem impossíveis. Embora as aplicações de RA para um único utilizador tenham vindo a aumentar e se tenham revelado muito promissoras, o maior potencial da realidade aumentada reside no desenvolvimento de interfaces do tipo multiutilizador/conjunto/colaborativo. A realidade aumentada pode ser utilizada para melhorar consideravelmente a colaboração presencial e remota, de uma forma que é difícil com a atual tecnologia tradicional. A maior parte da tecnologia de colaboração atual apresenta deficiências, especialmente quando utilizada para interagir com conteúdos espaciais. Na colaboração presencial, as pessoas utilizam a fala, os gestos, o olhar e as pistas não verbais para tentar comunicar da forma mais clara possível. A visualização de informações para interfaces tangíveis é extremamente difícil e desafiante, uma vez que as interfaces tangíveis são extremamente sensíveis a ambientes em mudança. Assim, nas interfaces tangíveis que utilizam gráficos tridimensionais, existe uma grande disparidade entre o espaço real da tarefa e o espaço de visualização [17]. O ambiente virtual colaborativo tenta restaurar algumas das pistas espaciais necessárias ou comuns na comunicação face a face, mas exige que o utilizador entre num mundo virtual que não faz parte do seu ambiente físico. Em contrapartida, a realidade aumentada traz os componentes virtuais para o mundo físico do utilizador, em vez de os levar para dentro dele, proporcionando assim uma integração perfeita da realidade e da virtualidade.

As aplicações de RA desenvolvidas dependem do navegador e estão num formato que não é adequado para todas as plataformas. As aplicações de RA baseiam-se geralmente em programas de navegação específicos e em formatos proprietários. Este facto limita a independência da plataforma dos dados da aplicação, bem como o âmbito da reutilização. As várias questões relativas à integração da realidade aumentada na Web são as sobreposições de metadados, a inserção de dados, a acessibilidade do navegador e as normas Web. A plena integração da RA na Web pode ir além de permitir que os navegadores Web sejam utilizados como plataformas de RA. Aplicando o princípio dos dados abertos e das mash-ups, é possível imaginar a utilização de bases de dados distribuídas para criar serviços novos e mais ricos. A normalização dos navegadores Web é também uma parte essencial das aplicações de RA. Alguns navegadores já possuem capacidades de renderização 3D. O X3D é um formato de ficheiro 3D existente que é um bom método para descrever conteúdos 3D num navegador de RA. O W3C e outras comunidades de RA estão a esforçar-se por aplicar as normas existentes à RA e por conceber novas normas necessárias para integrar a RA na Web [7].

1.4 Realidade aumentada no exterior

O capítulo 4 apresenta uma introdução aos sistemas móveis de realidade aumentada, os desafios de fazer com que a realidade aumentada funcione no exterior, as suas limitações, as várias técnicas que analisam o problema do rastreio em aplicações no exterior, as propriedades da interface do utilizador do sistema móvel de realidade aumentada e as melhorias tecnológicas na realidade aumentada, os factores humanos relativos à realidade aumentada e as limitações no caminho da realidade aumentada.

A realidade aumentada começou a fazer-se notar já na década de 1960, mas a computação móvel e a computação vestível só arrancaram na década de 1990, quando os computadores se tornaram suficientemente pequenos para serem transportados com um aumento de potência muito grande. O sistema vestível mais antigo foi um computador analógico para fins especiais destinado a prever o resultado de jogos de azar, construído em 1961. As tecnologias de entrada e interação vestíveis permitem que uma pessoa móvel trabalhe com o mundo aumentado (por exemplo, para fazer selecções ou aceder e visualizar bases de dados contendo material relevante) e para aumentar ainda mais o mundo à sua volta [15]. Permitem também que um indivíduo comunique e colabore com outros utilizadores de MARS (Mobile Augmented Reality Systems). Um requisito muito importante é também o armazenamento e o acesso aos dados. Os dados têm de ser armazenados para dar ao utilizador informação contextual em relação à sua localização e posição actuais. Mas as bases de dados tradicionais não podem ser utilizadas e são utilizadas bases de dados como as bases de dados espaciais ou temporais para armazenar a informação.

Figura 1.3 (a) Utilizador com a mochila MARS, (b) Vista através do ecrã de cabeça. Bandeiras virtuais que representam pontos de interesse, (c) Interface portátil adicional para interação com o material virtual

1.3.2 Restrições e técnicas em realidade aumentada móvel

O principal problema com o progresso da RA é o problema do registo, ou seja, o alinhamento do mundo real com o virtual. Um erro no registo correto conduz a grandes problemas perceptíveis e, em última análise, leva à rejeição da aplicação de RA. Nos últimos anos, muito se tem feito em relação ao problema do registo. Tornar a RA exterior levará à criação de novas aplicações, aumentará a flexibilidade e despertará o interesse do mundo académico e da indústria e ajudará os computadores portáteis. Além disso, os problemas associados aos sistemas móveis de realidade aumentada são a dimensão, o peso, os problemas de energia, o seguimento e a visualização. No caso dos sistemas de realidade aumentada para interiores, o consumo de energia, o peso do sistema e a área necessária para instalar um sistema são ilimitados, ou seja, são limitados pelo orçamento e não por restrições ergonómicas. A aplicação no exterior tem uma limitação de tamanho, ou seja, a quantidade e o peso do sistema que o utilizador pode transportar. A luminosidade dos ecrãs utilizados em aplicações interiores pode ser controlada, mas para aplicações exteriores, a aplicação pode ser utilizada sob uma luz solar intensa ou numa noite sem lua. Assim, a luminosidade é outra limitação das aplicações no exterior. Uma das principais motivações é a utilização de ecrãs de vídeo transparentes, uma vez que a exposição da câmara pode ser ajustada para corresponder à entrada [5]. O seguimento é um grande desafio para as aplicações de RA interiores e exteriores. Embora se tenha conseguido um seguimento e registo precisos para as aplicações de interior através de restrições e em ambientes rigorosos, tal não é possível para as aplicações de exterior porque o ambiente das aplicações de exterior é desconhecido.

As várias técnicas utilizadas para analisar os problemas de localização em aplicações móveis no exterior incluem o Sistema de Posicionamento Global (o GPS pode ser utilizado para objectos distintos, mas não para objectos próximos, ou seja, para localizar um veículo podem ser utilizados vários GPS, mas tal não é possível para um utilizador que caminha. Os novos receptores GPS de fase portadora têm uma precisão de centímetros), Inercial e Dead Reckoning (calculam a orientação em vez da posição porque só é necessário um passo de integração para a orientação, enquanto são necessários dois para o cálculo da posição. A medição por inércia é feita para navios e aeronaves, mas não é adequada para utilizadores que andam de um lado para o outro), fontes activas (os transmissores e receptores activos são configurados utilizando tecnologias magnéticas e ultra-sónicas para sistemas VE (ambiente virtual) interiores. Pode ser viável para ambientes exteriores se for modificado, mas a infraestrutura é o principal obstáculo), bússola ótica e eletrónica passiva e sensores de inclinação [6].

1.3.3 Factores humanos e tecnologias facilitadoras

Os sistemas móveis de realidade aumentada fornecem meios de comunicação com os computadores que são drasticamente diferentes do ambiente de trabalho estático e incluem várias propriedades, como o controlo (os sistemas móveis de realidade aumentada, para além dos requisitos dos ambientes interiores, também têm de ter em conta a imprevisibilidade do ambiente real), a coerência (é necessário manter uma coerência entre o mundo real e o mundo virtual para proporcionar um ambiente imersivo ao utilizador), o espaço de visualização (os sistemas de interface do utilizador tradicionais lidam apenas com elementos 2D. Mas o sistema de realidade aumentada móvel tem de lidar com um espaço de visualização potencialmente ilimitado em torno do utilizador, do qual apenas uma parte é visível em qualquer momento), a dinâmica da cena (num ecrã montado na cabeça, a única preocupação em relação aos objectos em movimento é o movimento da cabeça, ao passo que nos sistemas móveis outro parâmetro a considerar são os objectos em movimento no mundo real [6].

A definição de RA não se restringe a tecnologias de visualização específicas, como um ecrã montado na cabeça (HMD). Também não se limita ao sentido da visão. A RA pode aplicar-se potencialmente a todos os sentidos, incluindo a audição, o tato e o olfato. Certas aplicações de RA exigem também a remoção de objectos reais do ambiente percepcionado, para além da adição de objectos virtuais. As tecnologias facilitadoras são avanços nas tecnologias de base necessárias para criar ambientes de RA apelativos. As tecnologias facilitadoras incluem os mais recentes ecrãs (ecrãs para usar na cabeça, ecrãs de mão, ecrãs de projeção), novos sensores e abordagens de rastreio e os problemas de visualização. Os utilizadores montam este tipo de ecrã na cabeça, fornecendo imagens à frente dos olhos. Existem dois tipos de HWD: os visores ópticos e os visores vídeo. Este último utiliza a captura de vídeo de câmaras de vídeo usadas na cabeça como fundo para a sobreposição de RA, apresentada num ecrã opaco, enquanto o método de visualização ótica apresenta a sobreposição de RA através de um ecrã transparente. O rastreio preciso da orientação e da posição de visualização do utilizador é crucial para o registo da RA. A deteção ambiental e a baixa latência são as principais questões relacionadas com o seguimento dos sensores. Os principais problemas de visualização existentes na realidade aumentada são a visualização da estimativa de erros, a densidade de dados, a renderização avançada, a realidade mediada e a renderização fotorrealista. Uma RA eficaz exige o conhecimento da localização do utilizador e da posição de todos os outros objectos de interesse no ambiente. Os atrasos do sistema são frequentemente a maior fonte de erros de registo. A previsão do movimento é uma forma de reduzir os efeitos dos atrasos.

Se aumentarmos o mundo real com grandes quantidades de informação virtual, o ecrã pode tornar-se confuso e ilegível. Ao contrário de outras aplicações que têm de lidar com grandes quantidades de informação, as aplicações de RA têm também de gerir a interação entre o mundo físico e a informação virtual, sem alterar o mundo físico. O problema da remoção de objectos reais vai além da extração de informações de profundidade de uma cena; o sistema deve também segmentar objectos individuais nesse ambiente. Um requisito fundamental para melhorar a qualidade da apresentação de objectos virtuais em aplicações de RA é a capacidade de capturar automaticamente a informação de reflectância e a iluminação do ambiente.

O atraso combinado de todas as fontes provoca o máximo de erros de registo. A profundidade a que uma imagem é apresentada deveria reduzir o problema do registo, mas a atual tecnologia de visualização causa problemas como a baixa resolução e a fraca luminosidade dos ecrãs. O desempenho tem um impacto negativo se o utilizador se adaptar ao equipamento de RA. Para uma utilização a longo prazo, devem ser utilizados ecrãs confortáveis. Os ecrãs desconfortáveis causam cansaço visual, o que leva a que a aplicação de RA seja negligenciada. A utilização da RA é limitada por limitações tecnológicas, limitações da interface do utilizador e aceitação social.

Os sistemas de realidade aumentada devem ser precisos, baratos, leves e consumir menos energia para uma utilização correta. Atualmente, a maioria dos ecrãs não são muito portáteis, outros não são suficientemente brilhantes e ficam completamente apagados com luz forte. A localização é um dos principais problemas da RA. Não só tem de ser feito num ambiente restrito, como também representa um desafio para um ambiente não preparado, exigindo assim procedimentos de calibração extensivos. Ao reduzir as dificuldades de rastreio e ao criar um ambiente livre de calibrações, os requisitos de configuração podem ser minimizados. Uma das questões relacionadas com as limitações da interface do utilizador é a forma como um utilizador pode elaborar relatórios e consultas sobre os dados fornecidos, a informação sobre o sistema e a forma como esta informação é representada no ecrã de forma compreensível para o utilizador. Mas a questão principal é a aceitação do sistema de realidade aumentada pela sociedade e a forma como é incorporado no ambiente do utilizador e quais os benefícios que proporciona ao utilizador [5].

1.5 Requisitos de infraestrutura de estações de trabalho em rede e tecnologias para a implantação da realidade virtual

O capítulo 5 tem em conta todos os mecanismos, infra-estruturas, tecnologias e considerações de conceção relacionados com a realidade virtual aumentada. A transferência de dados através de mensagens em ambientes virtuais em rede de grande escala é muito grande e, por isso, os mecanismos de filtragem são uma das questões fundamentais nos ambientes virtuais. Existem várias arquitecturas para fragmentar o mundo virtual e manter a coerência. Algumas destas arquitecturas dividem o mundo estatisticamente em hexágonos, enquanto outras o dividem em tamanhos e formas arbitrários. Uma abordagem avançada divide o mundo dinamicamente, resolvendo assim o problema da aglomeração de entidades.

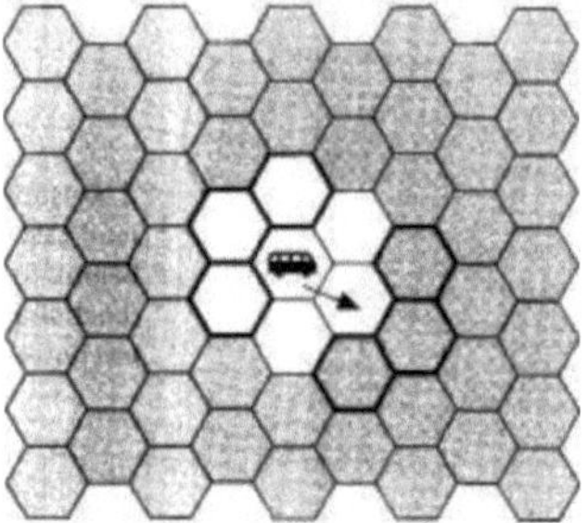

Figura 1.4 Área de interesse de um veículo em que o ambiente está dividido estaticamente

Já existem tecnologias da Web que estão a ser utilizadas para a implementação de ambientes virtuais e, por conseguinte, as normas www e as normas ip podem ser utilizadas diretamente, poupando o desenvolvimento de normas exclusivas que facilitem a construção de aplicações. Segue-se uma breve análise de todo o conteúdo do capítulo.

1.5.1 caraterização do ambiente em realidade virtual

A realidade virtual, também designada por ambientes virtuais, é um novo paradigma de interface que utiliza computadores e interfaces homem-computador para criar o efeito de um mundo tridimensional no qual o utilizador interage diretamente com objectos virtuais.

A realidade virtual oferece também a possibilidade de ambientes tridimensionais personalizados que permitem interfaces intuitivas "transparentes" - de modo que a interface do computador não é visível para o utilizador. Além disso, as capacidades de visualização e interação tridimensionais da realidade virtual permitem uma perceção e interação tridimensionais significativamente melhoradas em relação à computação gráfica tridimensional convencional.

O mundo virtual, que é um ambiente multiutilizadores, é de imenso interesse para a comunidade gráfica e, para além do seu sucesso na LAN, está também a infiltrar-se na Web. A capacidade do ambiente virtual para acomodar um número de 1000 utilizadores tornou a sua utilização popular no sector militar, mas também tem potencial para jogos multiutilizadores que requerem arquitecturas de rede escaláveis para facilitar ambientes ricos.

O ambiente virtual é uma área vasta e são necessários muitos elementos de rede para alargar esses ambientes. O conjunto de protocolos Internet (IP) inclui quatro componentes-chave de comunicação para ambientes virtuais: mensagens leves, ponteiros de rede, objectos pesados e fluxos em tempo real. As limitações e os êxitos do software e do hardware para ambientes virtuais ligados à Internet fornecem conclusões e recomendações de investigação específicas.

1.5.2 Questões relacionadas com ambientes virtuais multiutilizadores de grande escala

Existe um desejo natural de tornar os ambientes virtuais multi-utilizadores grandes em termos de extensão espacial, de número de objectos e de número de utilizadores que interagem com o ambiente. No entanto, isto levanta vários problemas: gerir eficazmente as grandes quantidades de dados entre um grande número de utilizadores, representar com precisão a informação sobre a posição e a velocidade dos objectos que estão dispostos num grande volume de espaço e permitir que os designers criem partes de um ambiente virtual separadamente e as combinem mais tarde.

À medida que os ambientes virtuais crescem em tamanho e em número de clientes, tornou-se cada vez mais importante filtrar os dados desnecessários antes de chegarem a um cliente para processamento. Este processo de filtragem é conhecido como gestão de interesses. Normalmente, a gestão de interesses tem sido um processo de uma só etapa. Os dados chegavam da rede e, em seguida, um gestor de áreas de interesse (AOIM) filtrava-os grosseiramente, passando ao cliente os dados mais relevantes.

Uma outra abordagem consiste em três níveis. No primeiro nível, a informação enviada para estas regiões é de baixa velocidade e baixa fidelidade. A informação de baixa fidelidade é utilizada apenas para uma aproximação do local onde uma entidade está localizada e para onde se dirige. A informação de alta fidelidade é então recolhida para entidades de interesse nos dois níveis superiores. O segundo nível utiliza os dados do primeiro nível para criar uma correspondência perfeita, independente do protocolo, entre os interesses de um cliente e o ambiente. Isto é semelhante à Deteção de Proximidade, embora esta segunda passagem seja feita de uma forma ampla e independente do protocolo. O terceiro nível, com base nos dois primeiros, acrescenta a dependência do protocolo, permitindo que o cliente receba apenas os dados do protocolo de que necessita. Ao mesmo tempo, ao separar o protocolo da gestão de interesses principais, podemos permitir a existência simultânea de vários protocolos no mesmo ambiente, utilizando o mesmo mecanismo de filtragem subjacente.

O conceito de localidades baseia-se na ideia de que, embora um mundo virtual possa ser muito grande, a maior parte do que pode ser observado por um único utilizador num dado momento é, no entanto, de natureza local. Ou seja, seria de esperar que um grande mundo virtual fosse grande principalmente porque, tal como uma cidade, combina um grande número de actividades relativamente pequenas e localizadas (por exemplo, uma conversa envolvendo algumas pessoas aqui e uma simulação envolvendo vários objectos ali) e não porque contém actividades individuais que são muito grandes e complexas. Os locais dividem um mundo virtual em partes que podem ser processadas separadamente. É importante perceber que esta divisão é puramente uma questão de implementação; não é aparente para o utilizador. Um utilizador vê várias localidades ao mesmo tempo, incluindo normalmente a localidade que contém o ponto de vista do utilizador e as localidades que são vizinhas desta localidade. O utilizador não vê quaisquer costuras entre as localidades nem quaisquer mudanças abruptas quando o ponto de vista se move de uma localidade para outra, alterando assim o conjunto de vizinhança.

Algumas arquitecturas dividem logicamente os ambientes virtuais associando classes espaciais, temporais e funcionais a grupos multicast de rede. Exploramos as caraterísticas reais dos ambientes reais de grande escala que estão a ser simulados, concentrando ou restringindo os recursos de processamento e de rede de uma entidade[4] à sua área de interesse através de um gestor local de área de interesse RING, SPLINE e VLNET, estes sistemas centram-se em aplicações específicas, tirando partido, sempre que possível, das particularidades de cada domínio problemático e, consequentemente, restringindo o espaço de conceção e reduzindo a complexidade global da implementação. No entanto, esta abordagem impõe sérias dificuldades no que diz respeito à reutilização, porque as propriedades obtidas através de optimizações geram implementações em que a arquitetura interna está estreitamente ligada à funcionalidade específica. Infelizmente, os sistemas existentes levantam grandes obstáculos quando se tenta transferir a experiência incorporada num determinado sistema LSVE para outro. Os problemas resultam do facto de os sistemas estarem fortemente acoplados em termos de implementação. Consequentemente, o critério de conceção molda todos os mecanismos e processos às particularidades de um sistema. Por conseguinte, é difícil extrair qualquer código pertinente de um determinado sistema e adaptá-lo às especificidades de um sistema-alvo.

Em geral, os obstáculos de incompatibilidade tornam ineficaz qualquer esforço de integração. O JADE propõe uma estrutura que, combinada com o kernel, atinge o objetivo de gestão dinâmica do código de um sistema LSVE. O principal bloco de construção disponível na estrutura JADE é o módulo, que tem incorporada a interface mínima que um componente deve implementar para que possa ser gerido pelo kernel. O kernel do JADE é basicamente um gerenciador de módulos que contém mecanismos específicos para suportar a funcionalidade desejada. O JADE é uma implementação da Plataforma Universal tal como descrita pelo grupo de trabalho VRTP, fornecendo um pequeno kernel dinâmico que permite a integração de módulos em tempo de execução e uma estrutura extensível. No entanto, este quadro não impõe as restrições e a perda de flexibilidade que se encontram nos conjuntos de ferramentas tradicionais. A conceção destas interfaces baseia-se na experiência dos sistemas LSVE existentes e nos seus requisitos comuns.

DIS é o acrónimo de distributive interactive simulation (simulação interactiva distributiva) e é uma norma utilizada para multicasting DIS exige que as simulações VE sejam stateless (sem estado); os dados são totalmente distribuídos entre os anfitriões participantes e as entidades são semi-persistentes. Por conseguinte, cada entidade tem de tomar conhecimento de cada evento, apenas na eventualidade de precisar de o saber. O DIS não faz a mediação entre as aplicações **VE** distribuídas e a rede. Utiliza uma rede em ponte em que todas as mensagens são transmitidas a todas as entidades.

Os sistemas verdadeiramente fiáveis requerem esquemas de reconhecimento, como o utilizado no protocolo de controlo de transporte **(CrCP).** Estes esquemas anulam a noção de tempo real, especialmente se um anfitrião jogador tiver de estabelecer uma ligação virtual com cada outro anfitrião entidade para garantir que recebeu os dados corretamente. Assim, os ambientes de grandes dimensões têm de se basear em protocolos de rede sem ligação (e, por conseguinte, não fiáveis), como o User Datagram Protocol (UDP), para as comunicações em grande escala. A manutenção do estado de todas as outras entidades, em especial com algoritmos de dead-reckoning (que utilizam equações cinemáticas de segunda ordem), será um grande estrangulamento para a simulação em grande escala.

1.5.3 Aplicações que exploram e aumentam a realidade virtual

A realidade virtual pode constituir um meio alternativo que permite a grupos de pessoas partilharem o mesmo espaço de comunicação. A British Telecom demonstrou a realização de conferências virtuais em que muitos utilizadores podem ser representados como avatares virtuais de si próprios em salas virtuais. Os utilizadores podem deslocar-se livremente no espaço, definindo os seus próprios pontos de vista e relações espaciais. Nos ambientes virtuais de colaboração (CVE), os sinais visuais e sonoros espaciais podem combinar-se de forma natural para facilitar a comunicação. O bem conhecido efeito "cocktail-party" mostra que as pessoas podem facilmente monitorizar vários fluxos de áudio espacializados ao mesmo tempo, concentrando-se seletivamente nos que lhes interessam. Mesmo uma simples representação de um avatar virtual e um modelo de áudio espacial permitem aos utilizadores distinguir entre vários oradores. As interações espacializadas são particularmente valiosas para governar as interações entre grandes grupos de pessoas, permitindo que multidões de pessoas habitem o mesmo ambiente virtual e interajam de uma forma impossível nas tradicionais conferências de vídeo ou áudio. Um espaço de conferência vestível que necessitará de um ecrã montado na cabeça pode melhorar a conferência em grande medida utilizando as pistas espaciais e áudio.

Muitas das áreas de aplicação visadas são aquelas em que o utilizador pode beneficiar de assistência especializada. Os computadores portáteis ligados em rede podem ser utilizados como um dispositivo de comunicação para permitir que peritos remotos colaborem com o utilizador. Nestas situações, verificou-se que a presença de peritos remotos melhora significativamente o desempenho das tarefas. Por exemplo, os resultados sugerem que uma câmara e um ecrã montados na cabeça aumentam a eficiência da interação numa tarefa de manipulação de objectos em colaboração remota. No entanto, a maior parte das actuais aplicações colaborativas para dispositivos portáteis apenas envolveu ligações entre um utilizador local e um utilizador remoto. Esta aplicação tem em conta várias pessoas na conferência e, por isso, é mais avançada.

A realidade virtual e a visualização científica combinam bem por várias razões, para além da inerente visualização e controlo tridimensionais. A visualização científica está orientada para a apresentação informativa de quantidades e conceitos abstractos, por oposição a uma tentativa de representar realisticamente objectos do mundo real. Assim, os requisitos gráficos da visualização científica podem ser orientados para representações exactas, por oposição a representações realistas. Algumas representações gráficas são viáveis com a tecnologia atual. Além disso, como os fenómenos representados são abstractos, um investigador pode realizar investigações na realidade virtual impossíveis ou sem sentido no mundo real. Desta forma, combinam-se os melhores aspectos da simulação por computador e da interação intuitiva com o mundo real.

Para ilustrar os requisitos computacionais de um sistema de visualização, considere as linhas de fluxo, uma técnica que envolve frequentemente várias centenas de integrações no cálculo de uma única linha de fluxo. Cada integração deve utilizar uma técnica com uma ordem de precisão elevada, aumentando a carga computacional. Além disso, muitas centenas de linhas de fluxo são frequentemente desejáveis. O resultado é que as linhas de fluxo podem ser muito dispendiosas do ponto de vista computacional. Para estimar com maior precisão os requisitos computacionais de um cálculo de linhas de fluxo, considere a técnica de integração Runge-Kutta de segunda ordem. Quando altamente optimizada pelo desempenho dos cálculos em coordenadas de grelha computacional, de modo a que a posição forneça diretamente as coordenadas da grelha (assumindo que a posição inicial é fornecida em coordenadas de grelha computacional), uma única integração de uma linha de fluxo requer cerca de 200 operações de vírgula flutuante e 24 acessos ao conjunto de dados. Uma estação de trabalho típica de modem de elevado desempenho tem um pico de desempenho escalar que varia entre 10 megaflops e 100 megaflops, sendo talvez 20 megaflops o valor típico.

1.6 Técnicas de implementação de visão transparente, rastreio de mãos móveis e jogos de realidade aumentada em tempo real

O capítulo 6 consiste em estratégias de implementação da Realidade Aumentada móvel. A eficiência das pistas visuais em comparação com as pistas sonoras para a navegação colaborativa em espaços mistos também é analisada. O capítulo aborda ainda a implementação da tecnologia de interface de utilizador unificada, a sua utilização no desenvolvimento da mão Tinmith e a forma como as FPGA podem ser utilizadas para Realidade Aumentada de baixo consumo. O capítulo também aborda a utilização da tecnologia de posse em jogos de realidade aumentada, que é demonstrada no jogo AR Battle Commander.

1.6.1 Visualização de Objectos Ocultos, sua Avaliação pelo Utilizador e Colaboração em Espaço Misto em Realidade Aumentada no Exterior

A realidade aumentada permite que um utilizador veja o seu ambiente real combinado com imagens geradas por computador e modelos 3D registados no mundo. Kameda desenvolveu um sistema para ultrapassar as deficiências da realidade aumentada, ou seja, os utilizadores de realidade aumentada são capazes de ver e examinar o ambiente que se encontra na visão direta do utilizador e não está obstruído. Para tal, é utilizada uma câmara de vigilância para captar imagens de objectos ocultos em locais ocultos, que são depois apresentadas na vista atual do utilizador. É desenvolvida uma plataforma móvel de realidade aumentada que permite aos utilizadores disporem de capacidades de visão panorâmica, ou seja, os utilizadores podem ver a informação oclusa de tal forma que a vêem diretamente através do objeto e trabalhar com as suas coordenadas espaciais em conformidade. É também descrita uma técnica baseada em gestos que permite ao utilizador selecionar quando ver os objectos ocultos. A utilização de técnicas de modelação em tempo real do sistema Tinmith [33] permite ao utilizador criar a geometria necessária para que as técnicas de renderização baseadas na imagem possam ser utilizadas para renderizar imagens corrigidas no ecrã do utilizador. Um sistema construído sobre uma plataforma móvel de Realidade Aumentada proporciona ao utilizador uma visão transparente, permitindo assim a visualização de objectos ocluídos texturizados com informações em tempo real. A capacidade do utilizador para visualizar e compreender a aparência de uma área exterior ocluída por um edifício, enquanto utiliza um computador móvel, foi também comparada com a de outro conjunto de utilizadores que estavam a ver as imagens de vídeo dessa área. A comparação revelou uma maior precisão na localização de pontos específicos da cena para os participantes de Realidade Aumentada no exterior. Os participantes no exterior também apresentaram resultados mais precisos e melhoraram a velocidade do que o grupo no interior quando visualizaram mais do que um vídeo em simultâneo.

A técnica de interação entre a Realidade Aumentada e a Realidade Virtual utiliza a Geometria Sólida Construtiva e um sistema de menu baseado numa luva, denominado Tinmith-Glove, de modo a suportar a realidade virtual em interiores e a realidade aumentada em portas. O Tinmith- Hand utiliza conceitos semelhantes para ambos os domínios, de modo a que as aplicações de Realidade Aumentada e de Realidade Virtual sejam consistentes e simples de utilizar. O objetivo futuro desta interface de utilizador é permitir a colaboração entre aplicações de Realidade Aumentada

Figura 1.5 Utilizador de realidade aumentada móvel

Realidade virtual e sistemas de realidade virtual em interiores. É utilizado um ecrã picture-in-picture para ver o que é visto pelo robô a partir de uma localização oclusa. O ecrã é visto na parte inferior do ecrã. O conjunto completo de técnicas de modelação proporcionadas pelo Tinmith pode ainda ser utilizado, o que permite ao utilizador criar geometria num local remoto ou simplesmente a partir de outro ponto de vista próximo da sua localização física atual. Esta técnica permite ao utilizador desenhar uma sobreposição adequada em cima do objeto que obstrui a visão do utilizador, para que este possa ver o que está por trás do objeto. Para remover um objeto do mundo real para desaparecer, é necessário um modelo 3D capaz de cobrir toda a área desse objeto.

Quando os utilizadores visualizam objectos ocultos nas suas localizações reais utilizando a Realidade Aumentada, podem facilmente compreender a sua posição, orientação e tamanho. A visualização de imagens de vídeo remotas através da sua apresentação no ecrã do utilizador demonstrou ser utilizável e compreensível. O utilizador utiliza ferramentas baseadas no gesto da mão para criar modelos 3D que são utilizados para apresentar imagens de objectos ocultos com correção do ponto de vista. A informação de vídeo e a modelação de edifícios remotos ou ocultos foram fornecidas por uma plataforma robótica móvel que o utilizador pode navegar remotamente para locais adequados. Foram feitas algumas adições ao sistema para facilitar a avaliação do utilizador. Foi realizado um estudo entre sujeitos, comparando a compreensão de uma cena pelo utilizador em duas condições diferentes, utilizando um computador portátil ao ar livre para observar uma vista renderizada da cena e observando o vídeo de origem inalterado num monitor LCD [34].

Na colaboração espacial mista, o mesmo espaço problemático é visto por várias pessoas de diferentes perspectivas. Este tipo de navegação é necessário em ambientes onde o ambiente circundante está em constante mudança. A mesa HOG comunica através de uma LAN IGbps com um computador com um processador AMD Athlon de 2,4 Ghz de 64 bits e 512 MB de RAM. Uma NVIDIA GeForce 6800 GT conduz um HMD I-glasses de 800 x 600 que tem um FOV horizontal de aproximadamente 26 graus. Um localizador magnético Polhemus 3Space Fastrak regista a posição e a orientação de um HMD e de um controlador manual com 6 graus de liberdade [35].

1.6.2 Rastreio de mãos móveis utilizando a tecnologia de interface de utilizador unificada em realidade aumentada móvel

Considera-se que é desejável uma tecnologia de interface de utilizador unificada entre as aplicações de Realidade Aumentada para exteriores e de Realidade Virtual para interiores, a fim de facilitar a interoperabilidade entre os sistemas. Nesta demonstração, vários sistemas estão ligados entre si através de uma rede sem fios e partilham a mesma informação. Os utilizadores de Realidade Aumentada são representados como avatares no ecrã de Realidade Virtual, e os objectos virtuais são sobrepostos como etiquetas e pontos na vista exterior do utilizador.

O aspeto de modelação e registo foi demonstrado em duas aplicações que utilizam esta interface de utilizador, o Tinmith-Metro e o Tinmith-Virtual Reality. O Tinmith-Metro permite aos utilizadores capturar os desenhos de edifícios e estruturas exteriores utilizando técnicas de manipulação fora do alcance do braço. O Tinmith-Virtual Reality foi concebido para modelar objectos virtuais da mesma forma que o Tinmith-Metro, mas também permite operações de manipulação direta que estão ao alcance do braço. Ambos os modeladores baseiam-se em novas técnicas que desenvolvemos e que se baseiam na natureza intuitiva das operações de geometria sólida construtiva (CSG) existentes, tais como a técnica dos planos infinitos. Para controlar a interface do utilizador, a cabeça e as mãos do utilizador são seguidas no espaço 3D, e o toque dos dedos é utilizado para controlar um sistema de menus [36]. Este sistema de menus é descrito em , e foi concebido para lidar com aplicações mais complexas do que sistemas de menus comparáveis.

A tarefa exige que um utilizador com uma visão exocêntrica de uma sala virtual navegue um utilizador totalmente imerso com uma visão egocêntrica até uma saída. Este estudo utiliza a navegação por áudio, a navegação por rato e a navegação por gestos para determinar a eficiência relativa. Mostra que a técnica de navegação colaborativa baseada em pistas visuais é mais eficiente do que uma técnica apenas áudio. Foram também sugeridas técnicas para integrar a Realidade Aumentada na Web. Vários estrangulamentos, como a utilização de um programa de navegação adequado, a independência da plataforma e vários outros problemas, desempenham um papel importante na redução da sua integração. No entanto, com uma possível sobreposição de metadados e uma inserção de dados adequada, esta integração é possível.

Vários sistemas de realidade aumentada utilizam hardware de computação de uso geral para executar tarefas como a renderização de gráficos de computador, a sobreposição de vídeo e o seguimento da visão. Assim, os sistemas de Realidade Aumentada tornam-se grandes e volumosos devido ao consumo de energia e à complexidade do hardware necessário quando se utiliza hardware de uso geral para executar tarefas. Assim, é utilizada uma solução de seguimento de mãos num computador reconfigurável, que reduz o consumo de energia e transfere parte do processamento para hardware especializado [37]. Este hardware é normalmente maior e consome mais energia do que o hardware dedicado, concebido especificamente para uma tarefa. Na construção de computadores portáteis, a portabilidade e o consumo de energia são questões importantes que têm de ser abordadas. No sistema de modelação Tinmith-Metro, o utilizador usa um computador de mochila e luvas com rastreio para apontar e selecionar comandos. Uma FPGA consiste numa matriz de lógica não comprometida que pode ser configurada pelo utilizador final através de uma forma de programação de hardware. A programação destes dispositivos pode ser efectuada utilizando linguagens como VHDL ou Verilog, mas pode ser difícil e demorada, especialmente para utilizadores inexperientes. Os algoritmos podem ser divididos em componentes paralelizados, mas é necessária uma sincronização rigorosa para garantir resultados sem interrupções. A programação de FPGA exige uma compreensão detalhada da arquitetura e do tempo do circuito, mas permite o desenvolvimento de sistemas em tempo real difíceis.

É introduzida a utilização de transições de Realidade Aumentada-Realidade Virtual (AR-VR) e é utilizada uma nova técnica designada por posse, que tenta resolver estes problemas. A posse dá essencialmente ao jogador a capacidade de se deslocar dentro da cabeça de qualquer uma das suas unidades. Isto permite ao utilizador ver tudo o que é visível para essa unidade e gerir as suas forças com a interface habitual, apesar de estarem separadas do seu próprio corpo. A técnica de posse permite o controlo de unidades em grandes distâncias, torna possível a microgestão de grupos distantes e implementa visões realistas do mundo que correspondem ao que um utilizador esperaria no mundo físico. Vários sistemas de realidade aumentada utilizam hardware de computação de uso geral para realizar tarefas como a renderização de gráficos de computador, a sobreposição de vídeo e o seguimento da visão. Assim, os sistemas de realidade aumentada tornam-se grandes e volumosos devido ao consumo de energia e à complexidade do hardware necessário quando se utiliza hardware de uso geral para executar tarefas. Assim, é utilizada uma solução de seguimento de mãos num computador reconfigurável, que reduz o consumo de energia e transfere parte do processamento para hardware especializado. A ideia é construir um sistema em que sejam utilizadas interações de Realidade Aumentada e Realidade Virtual. O objetivo futuro desta interface de utilizador é permitir a colaboração entre sistemas de Realidade Aumentada no exterior e sistemas de Realidade Virtual no interior. Neste ponto, considera-se a técnica de tempo real que pode ser utilizada em jogos de estratégia em tempo real (RTS), quais são os problemas enfrentados pela sua utilização e como podem ser ultrapassados. Um fator limitativo é que a posição do utilizador no ambiente virtual deve corresponder à sua posição no mundo físico. Se for óbvio para o utilizador que não existe correspondência entre os dois, a ilusão de um ambiente consistente será quebrada. O principal problema com a adaptação de um jogo RTS para um ambiente de Realidade Aumentada é que o jogador terá de gerir uma grande força de unidades militares em tamanho real, o que não pode ser feito eficazmente se o utilizador estiver confinado ao que pode ver e à velocidade a que se pode mover no mundo físico. Kameda desenvolveu um sistema para ultrapassar as deficiências da Realidade Aumentada, ou seja, os utilizadores de Realidade Aumentada podem ver e examinar o ambiente que se encontra na visão direta do utilizador e não está obstruído por ele. Estes sistemas e muitos outros semelhantes requerem um modelo geométrico pré-construído do ambiente. Os modelos têm de ser construídos antes do funcionamento do sistema, normalmente recorrendo a uma aplicação de terceiros e a hardware de digitalização. Este requisito faz com que estes sistemas não sejam adequados para serem utilizados em ambientes inexplorados.

Assim, necessitamos de um sistema que permita a um utilizador explorar ambientes exteriores utilizando um sistema móvel de realidade aumentada, ao mesmo tempo que pode observar informações de vídeo em direto de outros locais físicos. Este sistema ultrapassa o problema de necessitar de um modelo geométrico existente e também demonstra algumas técnicas de visualização únicas para visualizar dados de vídeo remotos.

1.6.3 Jogos de realidade aumentada em tempo real utilizando a tecnologia de posse

Parte-se do princípio de que a fonte de informação vídeo está equipada com sensores de posição e orientação para ajudar o sistema de renderização. Quando os utilizadores visualizam objectos ocultos nas suas localizações reais utilizando a Realidade Aumentada, podem facilmente compreender a posição, a orientação e o tamanho. A visualização de imagens de vídeo remotas através da sua apresentação no ecrã do utilizador tem-se revelado útil e compreensível. Quando um utilizador consegue ver o que o rodeia com localizações oclusas corretamente registadas diretamente sobrepostas, consegue facilmente determinar as relações espaciais entre as localizações relevantes. Na colaboração espacial mista, o mesmo espaço problemático é visto por várias pessoas de diferentes perspectivas. Este tipo de navegação é necessário em ambientes onde o ambiente circundante está em constante mudança. Poupyrev criou uma nova classificação para metáforas de manipulação de Ambientes Virtuais (EV) para uma melhor compreensão. A classificação separa as metáforas em egocêntricas ou exocêntricas, dependendo do ponto de vista do utilizador. As metáforas exocêntricas são aquelas em que os utilizadores têm um ponto de vista externo ou de Deus, olhando para o mundo. As metáforas egocêntricas são normalmente utilizadas em sistemas imersivos e colocam o utilizador diretamente no ambiente. Os jogos jogados em ambiente de realidade aumentada proporcionam ao utilizador uma experiência em tempo real do jogo, uma vez que o utilizador sente que está no próprio ambiente. No entanto, os jogos têm de ser em tempo real para que a tecnologia de Realidade Aumentada possa ser utilizada. O novo jogo de realidade aumentada Battle Commander utiliza uma estratégia em tempo real, para além da tradicional perspetiva na primeira pessoa num cenário real. A maior parte dos jogos de Realidade Aumentada criados até agora basearam-se em estilos que são normalmente jogados numa perspetiva de primeira pessoa, seja num computador de secretária ou na vida real [38].

No entanto, os jogos têm de ser em tempo real para poderem utilizar a tecnologia de Realidade Aumentada. O novo jogo de realidade aumentada Battle Commander utiliza uma estratégia em tempo real para além da tradicional perspetiva na primeira pessoa num cenário da vida real. A maioria dos jogos de Realidade Aumentada criados até agora basearam-se em estilos que são normalmente jogados numa perspetiva de primeira pessoa, seja num computador de secretária ou na vida real. Os jogos de Realidade Aumentada para computador de secretária são jogos de tiro na primeira pessoa (FPS), como o jogo de software Quake da iD, que colocam o jogador no ponto de vista da personagem principal, devendo este navegar no ambiente e combater os inimigos a partir dessa perspetiva. Em contraste, os jogos RTS, como o Dune 2 original e outros como Warcraft ou Command and Conquer, dão ao jogador um ponto de vista semelhante ao de um Deus[39] que flutua acima do ambiente. O jogador usa comandos indirectos para guiar as suas forças na área de jogo. As interações com a sua coleção de unidades são realizadas através de ordens simples, como mover e atacar. Em muitos casos, um exército inteiro pode ser visto no ecrã ao mesmo tempo. O jogo Battlezone desktop RTS mistura com sucesso elementos de jogos FPS e RTS. Um jogador pode interagir com o jogo como um RTS, comandando unidades e construindo uma base, mas também pode mover-se e disparar a pé ou num veículo a partir de uma perspetiva na primeira pessoa. O Battlezone não utiliza uma forma óbvia de oclusão, como o nevoeiro de guerra. A visão que o jogador tem do mundo é suficientemente limitada pela sua perspetiva e pelas caraterísticas do jogo para o impedir de ver coisas que estão longe ou escondidas. A consciência situacional do jogador num jogo de estratégia em tempo real aumentado (AR-RTS) é limitada pelo seu ambiente físico. Se a área física em que o utilizador está a jogar for grande e plana, fica limitado a movimentos ao nível do solo. Jogar estes jogos ao nível do solo é difícil por várias razões. Nos jogos RTS, o jogador move as suas unidades selecionando primeiro uma e depois especificando um local de destino no chão. Uma vez que o ponto de vista do jogador está apenas a cerca de 2 metros do chão, tem muito pouca clareza visual, pois o chão converge para uma singularidade no horizonte. Isto torna extremamente difícil a seleção precisa de pontos no solo quando estes não se encontram na proximidade imediata do jogador. Um jogo AR-RTS proporciona um nevoeiro de guerra automático ao jogador. Um jogo AR-RTS proporciona um nevoeiro de guerra automático ao jogador. O jogador tem um campo de visão limitado devido à sua perspetiva ao nível do solo e não consegue ver as partes do jogo que não estão perto dele. Para ultrapassar este campo de visão limitado, o utilizador deve poder mover a sua posição virtual independentemente da sua posição física, de modo a poder ver outras áreas para além daquelas de que está fisicamente próximo. Os sistemas de RA para exterior apresentam alguns problemas adicionais em relação aos seus homólogos para interior, nomeadamente no que respeita aos requisitos de hardware. Estes incluem o consumo de energia e o peso, mas outra questão com que se deparam os sistemas de AR para exterior é a forma de interagir eficazmente com o espaço de trabalho disponível. Esta questão é crítica quando o sistema está potencialmente a utilizar um espaço de trabalho muito maior, como a grande área de jogo utilizada no ARQuake[42], em que andar de uma ponta à outra da zona de jogo pode demorar vários minutos, ou mesmo horas.

CAPÍTULO 2

Um estudo sobre a realidade aumentada - os seus dispositivos e componentes

2.1 Introdução à Realidade Aumentada

A Realidade Aumentada cria a sensação de que os objectos virtuais estão presentes no mundo real. A RA é mais eficaz quando o ambiente virtual é combinado com o tempo real.

A sobreposição de uma imagem 2D num vídeo digital é o exemplo mais simples de RA, mas para uma demonstração mais impressionante de RA são adicionados objectos 3D a um vídeo em tempo real.

A adição de objectos virtuais a uma cena é designada por Realidade Aumentada Visual. Uma vez que a olho nu não é possível ver diretamente os objectos virtuais, a RA baseia-se em ecrãs que vão desde o monitor do computador, TV, Webcams, dispositivos portáteis até HMD (Head Mounted Displays). A RA é um domínio da ciência em que os objectos virtuais 3D são integrados em tempo real num ambiente 3D real.

As tecnologias VE ou VR mergulham completamente o utilizador num ambiente que foi criado virtualmente. O utilizador não consegue ver o ambiente real (efetivo) quando está imerso numa RV.

Mas na RA os objectos virtuais são sobrepostos ou compostos com o mundo real, ou seja, o utilizador pode ver o ambiente real e o virtual no mesmo espaço sem conseguir distinguir entre eles [12].

A informação que o utilizador não é capaz de compreender com os seus próprios sentidos é apresentada pelos objectos virtuais em RA. A Realidade Aumentada (RA) é uma nova tecnologia que envolve a sobreposição de gráficos de computador no mundo real. A RA insere-se num contexto mais geral denominado Realidade Mista (RM), que se refere a um espetro multiaxial de áreas que abrangem a Realidade Virtual (RV), a RA, a telepresença e outras tecnologias conexas.

Realidade virtual é um termo utilizado para designar ambientes 3D gerados por computador que permitem ao utilizador entrar e interagir com ambientes sintéticos. Os utilizadores podem "mergulhar" em graus variáveis no mundo artificial dos computadores, que pode ser uma simulação de alguma forma de realidade ou a simulação de um fenómeno complexo. A figura 2.1 mostra uma secretária real com um telefone real [11]. Dentro desta sala encontram-se também um candeeiro virtual e duas cadeiras virtuais. Note-se que os objectos são combinados em 3-D, de modo que o candeeiro virtual cobre a mesa real e a mesa real cobre partes das duas cadeiras virtuais.

A RA pode ser considerada como o "meio-termo" entre a VE (completamente sintética) e a telepresença (completamente real).

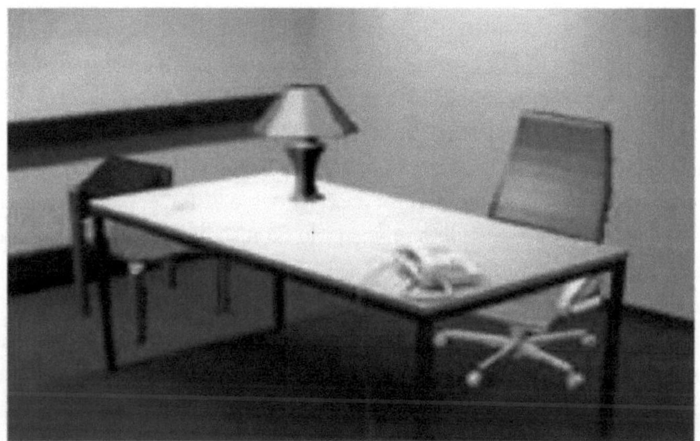

Figura 2.1 Secretária real com candeeiro virtual e duas cadeiras virtuais

Na telepresença, o objetivo fundamental é alargar as capacidades sensório-motoras e de resolução de problemas do operador a um ambiente remoto. Neste sentido, a telepresença pode ser definida como um sistema homem/máquina em que o operador humano recebe informações suficientes sobre o teleoperador e o ambiente da tarefa, apresentadas de forma suficientemente natural, para que o operador se sinta fisicamente presente no local remoto. Muito semelhante à realidade virtual, em que se pretende obter a ilusão de presença numa simulação informática, a telepresença visa obter a ilusão de presença num local remoto. A RA pode ser considerada uma tecnologia intermédia entre a RV e a telepresença. Enquanto na RV o ambiente é completamente sintético e na telepresença é completamente real, na RA o utilizador vê o mundo real aumentado com objectos virtuais [11].

Os numerosos domínios de aplicação fazem da realidade aumentada um campo de investigação altamente multidisciplinar, que envolve processamento de sinais, visão por computador, gráficos, interfaces de utilizador, factores humanos, computação vestível, computação móvel, redes de computadores, acesso à informação por computação distribuída, visualização da informação e conceção de hardware para novos ecrãs.

É interessante ver como uma arte relativamente nova da RA reúne cientistas informáticos, engenheiros electrotécnicos, cientistas ópticos, psicólogos e especialistas em IHC, engenheiros mecânicos e até químicos e físicos [11].

2.2 Realidade Aumentada - o seu início

Em 1968, Ivan Sutherland criou um protótipo funcional do que é amplamente considerado o primeiro sistema de RV e o primeiro sistema de RA. Embora utilizasse gráficos simples de estrutura de arame, o projeto foi a génese da RA [15]. Sutherland escreveu sobre o seu trabalho num artigo da Universidade de Harvard intitulado "A Head-Mounted Three-Dimensional Display". O sistema de

Sutherland exigia que o utilizador usasse um HMD pesado, tão pesado que tinha de ser suspenso do teto. Por esse motivo, o dispositivo foi apelidado de Espada de Dâmocles. Sutherland reconheceu que a sua interface era limitada, pelo que continuou a trabalhar em sistemas melhores. Alguns anos depois do seu primeiro sistema de RV, Sutherland escreveu um artigo chamado "The Ultimate Display". A interface de sonho de Sutherland foi descrita nesse artigo e, para qualquer fã do Star Trek, a sua descrição evocaria imagens do famoso holodeck. Ele escreveu: "O ecrã definitivo seria, naturalmente, uma sala onde o computador pode controlar a existência da matéria.

Uma cadeira apresentada numa sala dessas seria suficientemente boa para nos sentarmos nela. As algemas exibidas numa tal sala seriam confinantes, e uma bala exibida numa tal sala seria fatal.

A ideia de melhorar a perceção da realidade não é nova e remonta ao século XIII, quando Roger Bacon fez o primeiro comentário registado sobre a utilização de lentes, ou seja, óculos, para fins ópticos. O termo "realidade virtual" foi introduzido pela primeira vez por Jaron Lanier, o fundador da VPL Research, uma das primeiras empresas a vender sistemas de realidade virtual. O termo foi definido como "um ambiente tridimensional interativo, gerado por computador, no qual uma pessoa está imersa" [15]. Outros termos relacionados incluem "Realidade Artificial", de Myron Krueger, na década de 1970, "Ciberespaço", do escritor de ficção científica William Gibson, em 1984, e, mais recentemente, "Mundos Virtuais" e "Ambientes Virtuais". Não é surpreendente que a realidade aumentada esteja a ganhar cada vez mais atenção e esforço de investigação. Isto deve-se ao facto de, até hoje, os requisitos de aplicações viáveis de realidade aumentada estarem fora do alcance de tecnologias a preços razoáveis. Hoje em dia, porém, até a tecnologia de consumo está a acompanhar os requisitos e a abrir uma infinidade de novas oportunidades de aplicação [11].

2.3 Paradigmas da Realidade Aumentada

Os dois paradigmas comuns da realidade aumentada são o espelho mágico e a lente mágica. Na técnica do espelho mágico, um computador é colocado atrás de uma área captada por uma câmara de vídeo, enquanto na técnica da lente mágica o utilizador recebe uma imagem e uma lente transparente é mantida sobre a imagem com elementos de RA adicionados.

2.3.1 A Lente Mágica e o Espelho Mágico

Os três tipos de ecrãs considerados para a Realidade Aumentada são os ecrãs montados na cabeça e dois outros (lente mágica e espelho mágico) que podem ser utilizados para tarefas de anotação. Na técnica do espelho mágico, um computador é colocado atrás de uma área que está a ser captada por uma câmara de vídeo. O espelho funciona como um ecrã, apresentando a vista aumentada com a ajuda de vídeo em tempo real. O utilizador pode colocar-se em frente a um espelho mágico que apresentará uma ampliação à escala real, desde que disponha de um ecrã de grandes dimensões. A figura 2.2 mostra o exemplo do espelho mágico em que uma pessoa usa os marcadores e a câmara de vídeo reconhece os marcadores para projetar uma imagem aumentada no espelho mágico.

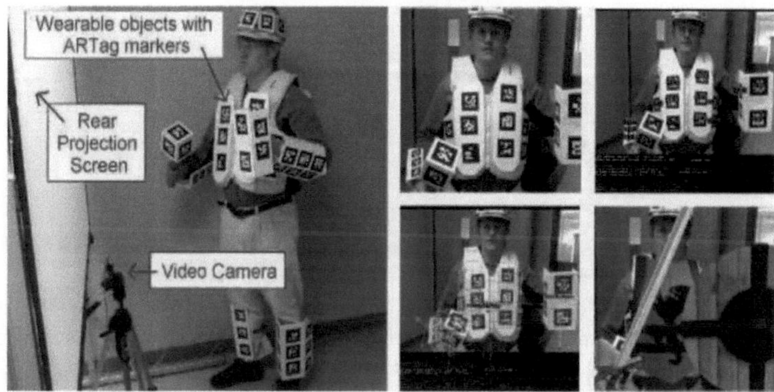

Figura 2.2 Ampliação com espelho mágico

A abordagem da lente mágica é completamente diferente da abordagem do espelho mágico. Aqui, é fornecida ao utilizador uma imagem e é mantida uma lente transparente sobre a imagem com elementos de RA adicionados. A figura 2.3 mostra um objeto a ser aumentado na lente colocada na secretária com os marcadores por baixo da lente.

Figura 2.3 RA com lente mágica

2.4 Marcadores em Realidade Aumentada

Os marcadores de RA indicam ao sistema de RA o local exato em que uma imagem deve ser apresentada. Os investigadores experimentaram vários marcadores de RA, desde mãos a LEDs, mas o mais utilizado na RA é um padrão único visível para uma câmara de RA e que pode ser identificado por um software de RA. Estes padrões únicos são adicionados fisicamente ao mundo real e determinam o ponto de vista da câmara real, de modo a que as imagens possam ser adequadamente representadas. A figura mostra a representação de um peixe virtual utilizando marcadores de RA.

Figura 2.4 Peixe aumentado com marcadores

A figura 2.4 mostra um peixe, que é um objeto 3D virtual, e o padrão abaixo contém etiquetas de marcadores. As etiquetas de marcação são utilizadas para determinar o ponto de vista da câmara real, de modo a que o peixe virtual possa ser processado adequadamente.

O sistema de marcadores ARTag é um sistema de marcadores fiduciais (de confiança) cientificamente verificado e gerado digitalmente, concebido pelo Dr. Mark Fiala para a realidade aumentada. Os marcadores ARTag reconhecem o marcador quadrado preto e branco que ajuda o software a inserir corretamente uma imagem virtual numa imagem aumentada. A figura 2.5 mostra os marcadores fiduciais ARTag.

Figura 2.5 Marcadores Fiduciais

Os padrões de marcadores num formato impresso são colocados onde uma imagem tem de ser apresentada e o software de RA, ao reconhecer o padrão, calcula o anjo e a posição do marcador para orientação da imagem virtual. O ajuste do marcador de RA altera a posição da imagem virtual no ecrã.

2.5 Caraterísticas da Realidade Aumentada

A secção seguinte descreve algumas das caraterísticas associadas à Realidade Aumentada: estas incluem os HMD de visualização ótica, os HMD de visualização de vídeo, os ecrãs de projeção, a focagem e o contraste e a portabilidade.

2.5.1 Ótica versus vídeo

Combinar o real e o virtual é a tarefa básica da RA. As duas formas de o fazer são através de HMDs de visualização de vídeo e HMDs de visualização ótica.

Num HMD de visualização ótica, são colocados dois combinadores ópticos em frente dos olhos do utilizador. O HMD de visualização ótica permite a visualização parcial do mundo real sobreposto aos objectos virtuais no HMD. O HMD de visualização ótica apenas permite a entrada de uma certa quantidade de luz do mundo real. O nível de contribuição para os combinadores depende do comprimento de onda da luz. O HMD de transparência ótica actua como um par de óculos de sol para o mundo real. A figura 2.6 mostra um diagrama de um HMD de transparência ótica.

No entanto, num HMD de visualização de vídeo, o utilizador não pode ver diretamente o mundo real. A câmara de vídeo situada na cabeça do utilizador capta o mundo real e, misturando a visão real com a imagem gerada pelo gerador de cenas, apresenta o resultado num monitor à frente do utilizador [1]. A figura 2.7 mostra um diagrama de visualização de vídeo através de HMD.

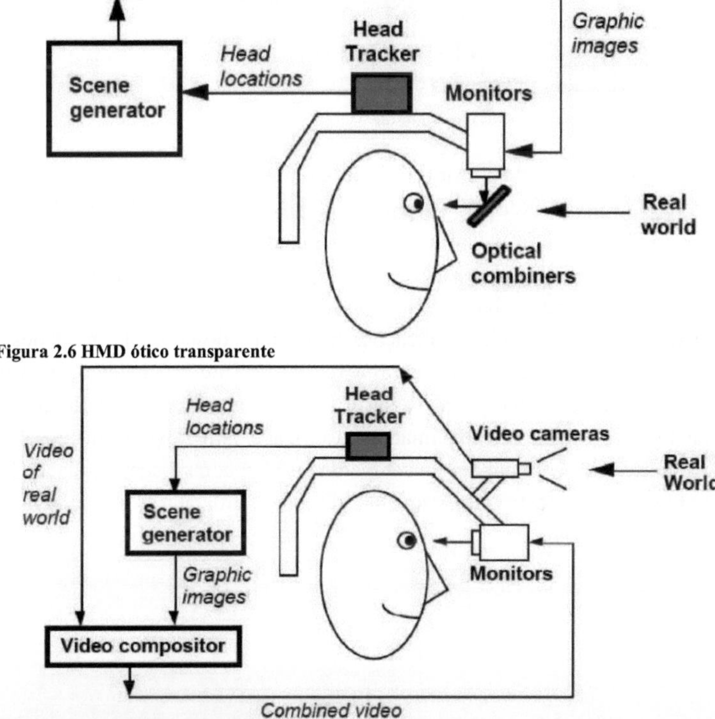

Figura 2.6 HMD ótico transparente

Figura 2.7 Vídeo HMD transparente

Os sistemas de RA também podem ser construídos utilizando configurações baseadas em monitores, em vez de HMDs transparentes. Neste caso, uma ou duas câmaras de vídeo visualizam o ambiente. As câmaras podem ser estáticas ou móveis. No caso das móveis, as câmaras podem deslocar-se fixadas a um robô, sendo as suas localizações monitorizadas. O vídeo do mundo real e as imagens gráficas geradas por um gerador de cenas são combinados, tal como no caso do vídeo visto através de HMD, e apresentados num monitor em frente do utilizador [1, 11, 16]. O utilizador não usa o dispositivo de visualização. Opcionalmente, as imagens podem ser apresentadas em estéreo no monitor, o que exige que o utilizador use um par de óculos estéreo. A figura 2.8 mostra um diagrama da conceção de RA baseada num monitor.

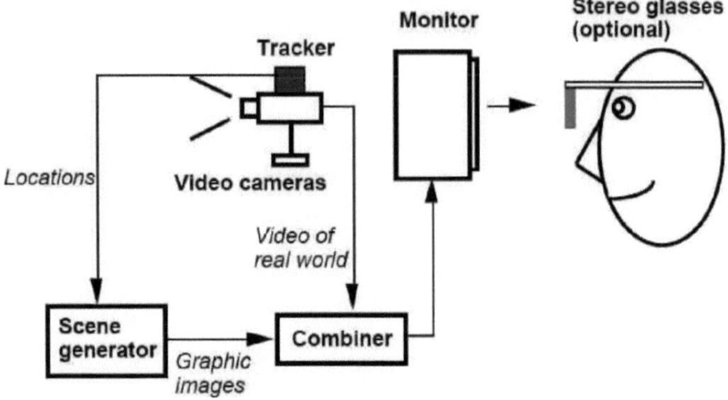

Figura 2.8 Conceção de RA baseada num monitor

2.5.2 Sistemas de retina virtual e ecrãs de projeção

O VRD (Virtual Retinal Display) foi inventado na Universidade de Washington, no Laboratório de Tecnologia de Interface Humana (HIT), em 1991. O objetivo era produzir um ecrã virtual a cores, com um amplo campo de visão, alta resolução, alto brilho e baixo custo.

Esta tecnologia tem muitas aplicações potenciais, desde ecrãs montados na cabeça (HMD) para aplicações militares/aeroespaciais até fins médicos. O VRD projecta um feixe de luz modulado (a partir de uma fonte eletrónica) diretamente na retina do olho, produzindo uma imagem rasterizada. Isto provoca uma excelente visão estereoscópica com um amplo campo de visão, a cores e sem cintilação [11, 16]. A Figura 2.9 mostra um esquema retiniano utilizado para aumentar a realidade.

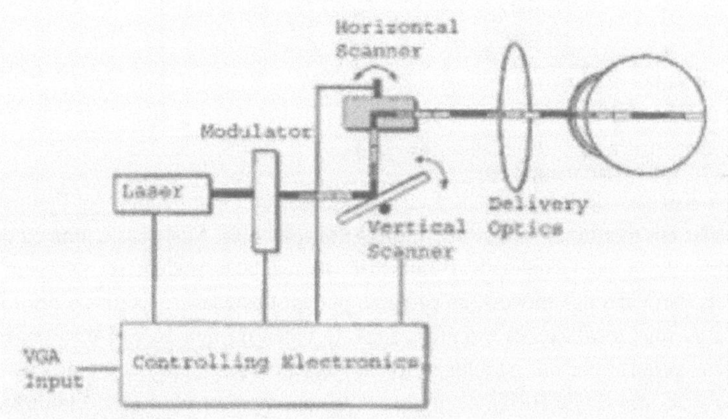

Figura2.9 Esquema da retina

Ecrãs de projeção

A RA baseada em projectores utiliza objectos do mundo real como superfície de projeção para o ambiente virtual. Tem aplicações na montagem industrial, na visualização de produtos, etc. A RA baseada em projectores é também adequada para situações de múltiplos utilizadores. O alinhamento dos projectores e das superfícies de projeção é fundamental para o êxito das aplicações [11, 16]. A Figura 2.10 mostra um exemplo real de ecrãs de projeção utilizados para aumentar a realidade.

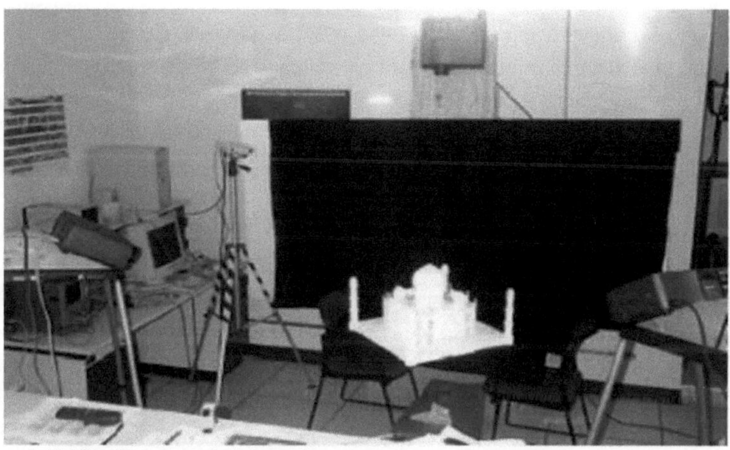

Figura 2.10 AR utilizando ecrãs de projeção

1.1.3 Foco e contraste

O principal objetivo da RA é que os mundos real e virtual coincidam um com o outro. Mas a focagem coloca sempre um problema nas tecnologias ópticas e de vídeo. As definições de profundidade de campo e de focagem do ecrã de vídeo são diferentes e podem levar a uma representação incorrecta dos objectos do mundo real devido à falta de focagem. Nos HMD ópticos transparentes, os objectos virtuais são sempre apresentados à mesma distância, mas a distância dos objectos reais pode variar, o que pode distorcer a nitidez da visão.

O contraste também desempenha um papel vital no êxito das tecnologias de RA. Muitos HMD não funcionam corretamente sob luz solar intensa e outros são vulneráveis a pouca luz, por exemplo, ao luar. Se o ambiente do mundo real for demasiado brilhante, a imagem virtual será apagada, ao passo que se o mundo real for demasiado escuro, a imagem virtual será apagada. Assim, o contraste constitui um grave problema para os monitores e as câmaras de vídeo.

1.1.4 Portabilidade

Tal como no VE (ambiente virtual), em que o utilizador utiliza aplicações interiores, na RA o utilizador pode ter de se deslocar. A maior parte das aplicações de RA são exteriores. Um militar tem de se deslocar com o equipamento HMD, um caminhante ou um turista deslocam-se sempre, pelo que, para tornar a RA portátil, é necessário ultrapassar algumas limitações de tamanho, potência, ecrã e geradores de cenas para o êxito das aplicações de realidade aumentada.

2.6 Comparação entre Realidade Aumentada e Ambiente Virtual

(i) Dispositivo de visualização

O requisito de alta qualidade dos ecrãs é mais rigoroso na realidade virtual do que na realidade aumentada, porque o mundo real não é substituído na realidade aumentada. Enquanto que na realidade virtual a resolução do ecrã tem de ser elevada, uma vez que utiliza a cor para apresentar o ambiente virtual, a realidade aumentada não reduz a resolução do mundo real, pelo que exige uma menor resolução dos monitores (também pode funcionar com ecrãs monocromáticos).

(ii) Gerador de cenas

O requisito mais rigoroso do gerador de cenas é mais uma vez observado em VE em vez de AR. Isto deve-se ao facto de o VE ter de ser projetado de forma a que o utilizador sinta que está num ambiente real, embora esteja imerso num ambiente virtual. Assim, para gerar imagens realistas, os VE têm requisitos muito mais elevados para os geradores de cenas, porque substituem completamente o ambiente real [1]. Em contrapartida, na RA, a imagem apenas complementa o mundo real, ou seja, é-lhe sobreposta, pelo que não é necessário que seja realista para servir o objetivo da aplicação.

(iii) Rastreio e deteção

Neste caso, a RA tem uma exigência muito maior de rastreio e deteção precisos devido aos movimentos mais elevados e ao problema de registo observado no ambiente de RA. Os VE são maioritariamente estáticos e, por isso, têm menos requisitos de deteção. A deteção em AR deve ser altamente precisa e deve ser efectuada a longas distâncias. A maioria das aplicações de VE não exige grandes distâncias.

Parameter	AR	VR
Display device	Low resolution screens work	Stringent requirement of high resolution screens
Scene Generator	Less stringent requirement	More stringent requirement
Tracking and Sensing	Higher requirement of accurate tracking and sensing	Lower requirement of accurate tracking and sensing

2.7 Deteção em realidade aumentada

Para um seguimento preciso da cabeça e de outros objectos presentes no ambiente, é necessário um registo e um posicionamento precisos dos elementos virtuais no mundo real. O requisito mais rigoroso da RA é o seguimento e a deteção de longo alcance, o que não é tão rigoroso em ambientes virtuais. Assim, as três áreas seguintes da realidade aumentada dependem da precisão do localizador e do sensor

Maior precisão

(i) Maior variedade de entrada e largura de banda

(ii) Alcance mais longo

a) Maior precisão

A precisão do registo visual descreve a precisão dos localizadores e sensores. Os localizadores determinam a precisão do registo, pelo que, em toda a gama de funcionamento de um localizador, o localizador necessário para uma aplicação de RA tem de ser preciso (cerca de um milímetro e uma pequena fração de um grau). Embora uma maior precisão seja um requisito rigoroso da realidade aumentada, apenas alguns localizadores foram capazes de cumprir a especificação, também com limitações, por exemplo, os localizadores inerciais desviam-se com o tempo. Devido à presença de metal na maior parte das aplicações de realidade aumentada, os rastreadores magnéticos são vulneráveis à distorção.

Os rastreadores ópticos enfrentam problemas de calibração e distorção [1]. Devido à variação da temperatura ambiente e ao ruído, os rastreadores ultra-sónicos também sofrem de distorção. A tecnologia mais promissora é a ótica, devido às câmaras digitais de alta resolução, à fonte de luz estruturada e às técnicas de foto-grametria, que conduzem a uma maior intensidade de sinal a longas distâncias.

b) Variedade de entrada e largura de banda

A entrada para um sistema pode provir de qualquer coisa que um sensor possa detetar. Tudo o que um humano não consegue sentir (com os cinco sentidos humanos) é transduzido pelo sensor para que um utilizador possa sentir num sistema de RA. Enquanto que, no VE, o sistema tem de lidar apenas com a largura de banda de saída (por exemplo, som gerado, imagens, etc.). Na RA, em vez dos ecrãs de saída, há uma grande variedade de sensores de entrada.

Para muitas aplicações de RA, os "dados de alcance" são uma entrada importante. O sistema de RA conhece a distância até aos objectos virtuais, mas pode não saber onde se encontram todos os objectos reais no ambiente. No entanto, os objectos têm de ser seguidos em tempo real em algumas aplicações dinâmicas e, por isso, os cálculos correm mal porque o sistema pode assumir que o ambiente é estático (medido no início). Algumas aplicações de anotação em RA exigem um input, como o acesso a uma base de dados do ambiente. Considere-se um exemplo em que um arquiteto está a ver através das paredes de um edifício, o sistema assume que a base de dados tem todos os dados sobre os tubos, fios e outros objectos escondidos no interior do edifício [1]. Mas os dados podem não estar num formato que possa ser utilizado pelo sistema, mesmo que estejam lá, por exemplo, os dados podem não estar agrupados nas partes de um modelo que representam os fios dos dados que representam os canos. Assim, ao construir uma aplicação de

RA, pode ser necessário um esforço significativo de modelação.

c) Longo alcance

O longo alcance não é um requisito rigoroso para a VE, mas desempenha um papel vital na aplicação de RA. As aplicações de captura de movimentos registam as acções de um corpo e mostram-nas com uma personagem animada por computador num ecrã. Mas isto apenas ajuda a recuperar a posição e não é adequado para fins de orientação. Mesmo um pequeno erro na recuperação da orientação conduzirá a um erro de alguns graus, o que é demasiado grande para as aplicações de RA.

Para obter precisão a longas distâncias, foi proposto um sistema. Um sistema escalável é aquele em que são adicionados mais componentes modulares ao sistema para cobrir qualquer alcance desejado. Neste sistema de localização celular, apenas os sensores e fontes próximos são utilizados para localizar o utilizador. Assim, evitam-se longas distâncias entre o atual conjunto de fontes e os sensores e obtêm-se grandes volumes de trabalho, mudando a fonte e o sensor quando o utilizador se desloca.

Embora estes localizadores sejam muito eficientes, a sua construção é dispendiosa. Um dos sistemas escaláveis é o Sistema de Posicionamento Global (GPS), que é utilizado para localizar veículos em todo o mundo e tem uma precisão aproximada de um centímetro, assumindo a integração de muitas medições em diferentes modos.

2.8 Aplicações

A Realidade Aumentada tem várias vantagens na medicina, no fabrico e reparação, na anotação e visualização e também em aplicações militares. A secção seguinte apresenta uma breve explicação sobre a utilização da realidade aumentada em cada uma delas.

2.8.1 Médico

A RA é utilizada no domínio da medicina para visualizar o interior de um doente. Muitas ferramentas disponíveis, como a ressonância magnética (MRI), a tomografia computorizada e os ultra-sons, proporcionam uma visão de raios X e uma visão tridimensional do interior do corpo humano, o que ajuda os cirurgiões a realizar operações menos traumáticas e que requerem uma incisão pequena ou nula, embora este método reduza a visão do corpo do doente.

A RA é muito útil em procedimentos médicos, porque a tecnologia ajuda o médico, dando-lhe instruções se o cirurgião for novo, identificando o local onde deve ser feito um corte (perfuração), utilizando um estetoscópio 3D [9] (por exemplo, para ver a imagem da criança no útero, projectando uma imagem no corpo da mãe) e ajuda nos procedimentos de biópsia de tumores, orientando o médico (onde as agulhas são guiadas pelo objeto virtual que identifica a localização). A figura 2.11 mostra um feto virtual no ventre de uma paciente.

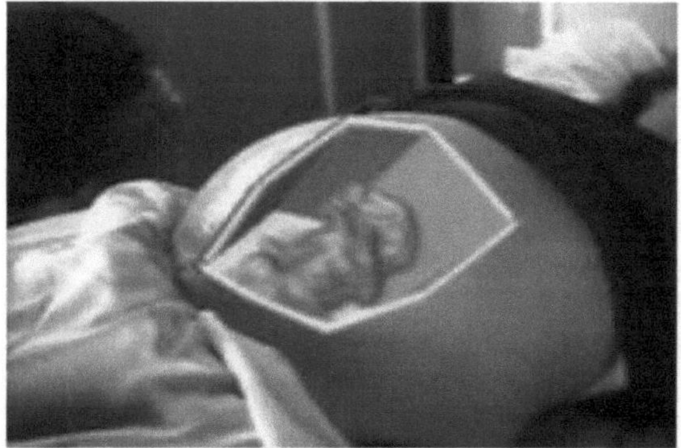

Figura2.11 Feto virtual dentro do útero de uma paciente grávida

2.8.2 Fabrico e reparação

A utilização do manual com texto e algumas instruções é sempre difícil de compreender e de aplicar às máquinas, quer se trate de reparação, montagem ou manutenção da máquina. Em vez disso, se forem utilizadas técnicas de RA, o sistema apresenta diretamente a tarefa passo a passo, guiando a pessoa para o modelo adequado. A imagem da estrutura correta pode ser apresentada em frente do utilizador utilizando HMD de RA e, consultando estas imagens, o utilizador executa a tarefa [1]. Esta técnica é normalmente utilizada por técnicos de aviões, motores de automóveis, manutenção de impressoras, etc. A figura 2.12 mostra como um técnico utiliza a realidade aumentada no fabrico e a figura 2.13 mostra como a reparação é efectuada utilizando a RA.

Figura2.12 Fabrico com recurso à AR

Figura2.13 Reparação com Realidade Aumentada

2.8.3 Anotação e visualização

As anotações são as notas privadas ou públicas anexadas aos objectos. Um utilizador com um dispositivo portátil pode apontar para um objeto e, se lhe tiver sido anexada uma anotação, pode obter a informação sob a forma de etiqueta ou de notas.

Isto ajuda muito o utilizador a compreender o objeto. A figura 2.14 mostra uma ferramenta com etiquetas das suas partes.

Considere que está a entrar numa loja e que os produtos foram anotados, não seria fácil para si obter conhecimentos sobre o produto colocando diretamente o dispositivo portátil na sua mão?

A RA também ajuda na visualização. Um arquiteto pode ajudar o seu cliente a visualizar a futura estrutura que vai construir com a ajuda de imagens de RA através de sobreposições de gráficos que mostram os tubos e as linhas eléctricas no interior da parede. A visualização também pode orientar o utilizador na navegação se a visibilidade for fraca. Pode também fornecer informações sobre uma máquina a um técnico antes de este trabalhar nela.

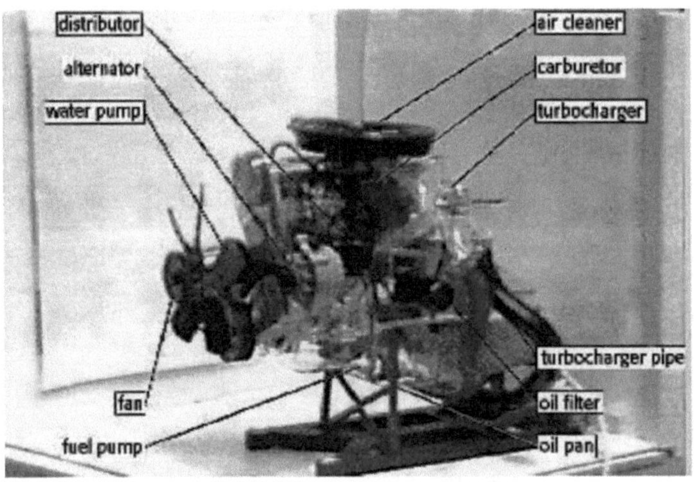

Figura 2.14 Anotação de uma máquina: Etiquetar os seus componentes

2.8.4 Aplicação militar

Os militares têm utilizado a realidade aumentada, desde o equipamento de um único soldado, como os óculos de visão nocturna, e os sistemas de RA à escala real de um único soldado, até aos visores de cabeça (HUD) e HMD aplicáveis a praticamente qualquer veículo, seja ele aéreo, naval ou sobre rodas. A Agência de Projectos de Investigação Avançada da Defesa financiou um projeto de HMD para desenvolver um visor que possa ser acoplado a um sistema de informação portátil. A figura 2.15 mostra um pessoal do exército que utiliza a RA para a definição de objectivos.

Figura2.15 Realidade aumentada no sector militar

2.9 Exemplos

A ciência da realidade aumentada deu origem a uma série de aplicações. Algumas das aplicações analisadas a seguir são o comboio invisível com a ajuda de PDAs, as vistas submarinas de realidade aumentada, a realidade aumentada com telemóveis e a maquete arquitetónica.

2.9.1 O Jogo do Comboio Invisível

Este é um jogo de realidade aumentada para vários jogadores, desenvolvido por Daniel Wagner na Universidade de Tecnologia de Viena. A via férrea para um comboio é uma pista de madeira em miniatura e todos os comboios são vistos virtualmente através de um PDA que o jogador tem na mão. O jogador tem de evitar o embate dos comboios e pode acelerar o comboio, manusear os interruptores e mudar a posição através do PDA. O PDA foi selecionado em vez do HMD porque é relativamente barato e menos pesado, exigindo pouca energia. O jogador só tem de apontar a câmara do PDA para a via para ver e fazer alterações no comboio. Assim, a câmara do PDA foi utilizada como um paradigma de lente mágica da RA. A Figura 2.16 mostra duas pessoas a jogar o jogo do comboio invisível utilizando os seus PDAs. Esta aplicação da RA foi demonstrada em muitas conferências, como a Wired NextFest 2005, a IEEE Virtual Reality 2005 e a SIGGRAPH 2004.

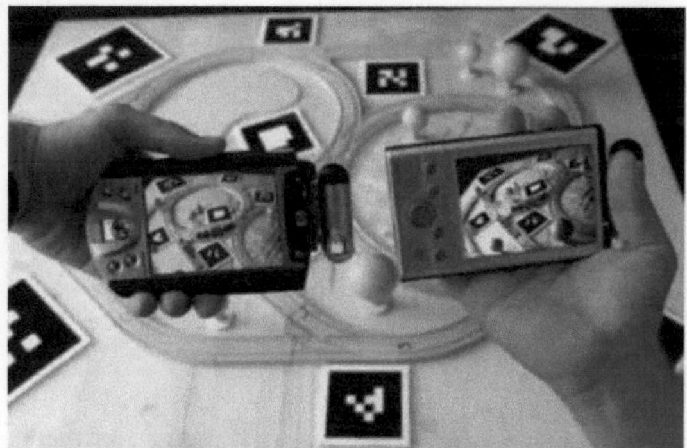

Figura 2.16 Comboio invisível e PDA

2.9.2 Vista do submarino AR

O Conselho Nacional de Investigação do Canadá tem estado a testar várias aplicações de Realidade Aumentada. Uma delas é a visualização de submarinos em RA. Esta aplicação é utilizada para visualizar várias vistas 3D do submarino e, com a ajuda do rato ou da caneta de mesa, é possível alternar entre as várias vistas do submarino. Esta aplicação é utilizada como uma poderosa ferramenta educativa e é inestimável para quem precisa de aprender o funcionamento interno da máquina. A figura 2.17 mostra a vista exterior e a vista interior pormenorizada de um submarino.

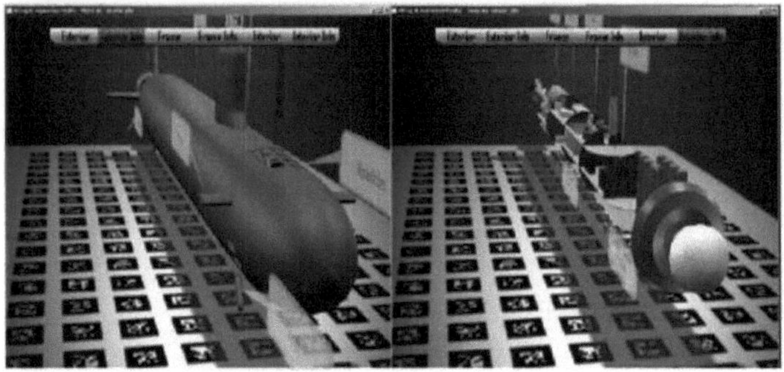

Figura 2.17 Vistas do submarino utilizando a RA

2.9.3 Realidade aumentada com telemóveis

Uma vez que a RA está a ser vista na maioria dos dispositivos portáteis, os telemóveis são considerados um dispositivo potente para processar a RA. Os telemóveis estão a ficar cada vez mais baratos e têm todos os elementos necessários para executar aplicações de RA. Estes incluem uma câmara, um ecrã de visualização e um processador. O telemóvel está a tornar-se o dispositivo eletrónico de consumo mais comum em todo o mundo e tornou-se mais fácil implementar as aplicações de realidade aumentada para as pessoas que utilizam PDA e telemóveis. O telemóvel é considerado o aparelho eletrónico básico que todos terão num futuro próximo e servirá de base para o futuro das aplicações de RA, devido ao seu baixo custo e fácil disponibilidade.

Figura 2.18 uma aplicação móvel

2.9.4 Maquete arquitetónica

Utilizando a tecnologia AR, um arquiteto pode demonstrar ao cliente, através de maquetas arquitectónicas, os vários projectos de edifícios. Há várias opções, como barata, de luxo, razoável, etc., entre as quais o cliente pode escolher e ver como o edifício proposto se enquadra nas estruturas existentes. A figura 2.19 mostra um desenho arquitetónico nos marcadores colocados na secretária utilizando a aplicação de RA.

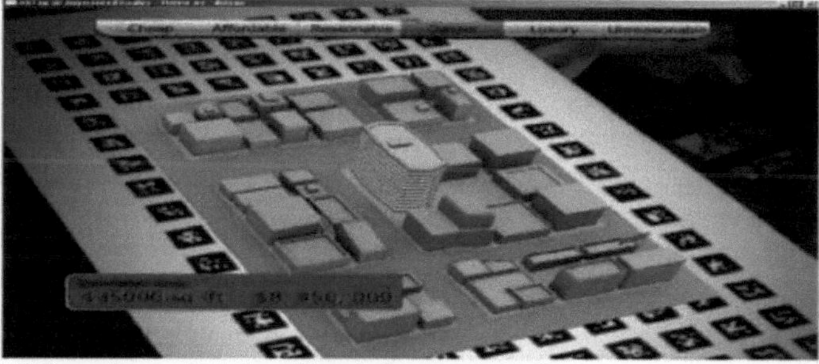

Figura 2.19 Conceção arquitetónica utilizando ferramentas de RA

Resumo

A Realidade Aumentada cria a sensação de que os objectos virtuais estão presentes no mundo real. A RA é mais eficaz quando o ambiente virtual é combinado com o tempo real. A sobreposição de uma imagem 2D num vídeo digital é o exemplo mais simples de RA, mas para uma demonstração mais impressionante de RA são adicionados objectos 3D a um vídeo em tempo real. A Realidade Aumentada (RA) é uma nova tecnologia que envolve a sobreposição de gráficos de computador no mundo real. Os dois paradigmas mais comuns da realidade aumentada são o espelho mágico e a lente mágica, ambos explicados resumidamente. Algumas das caraterísticas associadas à realidade aumentada são os HMD de visualização ótica, os HMD de visualização de vídeo, os ecrãs de projeção, a focagem e o contraste e a portabilidade. A secção 2.6 descreve algumas das caraterísticas que distinguem a realidade virtual da realidade aumentada. O problema da deteção na realidade aumentada foi discutido na secção 2.7. A realidade aumentada tem uma série de vantagens em medicina, fabrico e reparação, anotação e visualização e também em aplicações militares, centrando-se no auxílio à visualização.

CAPÍTULO 3

Realidade mista - Unir o real e o virtual

3.1 Estratégias para aumentar a realidade

O objetivo da RA é melhorar o mundo real (mundo físico) através do aumento de objectos virtuais, ou seja, acrescentando-lhe capacidades de comunicação e informação digital. Com o advento do computador, a face de muitas organizações mudou drasticamente, quer se trate de empresas ou de instalações médicas. O software informático facilitou o acesso à informação e reduziu o tempo necessário para criar manualmente uma enorme documentação em papel. Embora o tempo e o dinheiro tenham sido poupados, o trabalho nunca foi totalmente transferido para a gestão eletrónica de documentos. Apenas aumentou a tarefa dos trabalhadores de escritório, porque agora tinham de manter os documentos em papel e os documentos electrónicos.

O mesmo acontece no sector médico. Mesmo que toda a informação sobre o doente esteja disponível em formato eletrónico (imagens de ressonância, ultra-sons, etc.), o médico continua a depender do papel e da caneta que tem ao lado da cama do doente. Assim, para a utilização desta informação eletrónica no mundo real, a AR desempenha um papel importante. Em vez de substituir os documentos em papel pelos seus equivalentes electrónicos, o papel é ligado diretamente à aplicação em linha relevante. Chamamos a este tipo de papel um "papel interativo".

As várias estratégias utilizadas pelas aplicações de RA para aumentar a realidade são

(i) Aumentar o utilizador

Começando com o HMD criado por Sutherland em 1968 e com a investigação em RA, foram criados muitos dispositivos que simulam o toque e a audição, criando objectos virtuais e imergindo o utilizador, quer se trate de um jogo ou de um ambiente empresarial. O VE foi transformado em AR através da sobreposição de objectos virtuais no ambiente real. As aplicações de RA permitem que as pessoas façam inferências a partir de ecrãs visíveis. Um médico pode ver a imagem de ultra-sons de um bebé no útero de uma mãe sobrepondo-lhe a imagem ultra-sónica (captando a imagem da mãe e detectando a posição correta) com a ajuda do dispositivo que está a usar (um dispositivo de RA vestível). Um técnico de aeronaves, durante a reparação, sobrepõe a imagem do manual eletrónico às peças reais da aeronave [3, 4]. É necessário um acoplamento e um registo rigorosos para estas aplicações, devido à calibração das imagens electrónicas e das vistas particulares do ambiente real. KARMA (figura 3.1), a Realidade Aumentada Baseada no Conhecimento para Assistência à Manutenção, permite que um técnico de reparação olhe através de um espelho meio prateado e veja os diagramas de reparação relevantes sobrepostos a uma imagem de vídeo em direto do dispositivo real que está a ser reparado. O sistema segue o observador e os componentes do dispositivo que está a ser reparado em tempo real e calcula a melhor forma de apresentar a informação. Estas aplicações exigem um acoplamento estreito entre as imagens electrónicas e as vistas particulares do mundo físico. O problema de "registar" objectos do mundo real e de os fazer corresponder com precisão à informação eletrónica correspondente é uma área ativa de investigação em realidade aumentada.

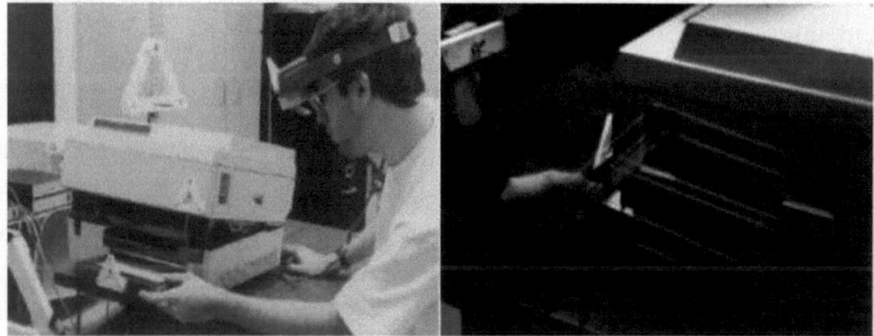

Figura 3.1 KARMA orientando um técnico

(ii) Aumentar o objeto

Nesta abordagem, os objectos físicos são aumentados diretamente. A "Tartaruga de chão", uma pequena raiz, foi criada por Papert na década de 1970. Esta tartaruga era controlada por uma linguagem informática chamada Logo. A LEGO permite que as crianças utilizem o Logo com motores, peças e engrenagens LEGO. Uma criança pode utilizar um flip-flop para arrancar ou parar um carro, variando o ruído apenas adicionando um sensor de som ao acionamento do motor. Um despertador que detecta a luz e faz barulho foi outra engenhoca criada por uma criança. Outra abordagem é a "computação ubíqua", em que objectos especialmente criados são detectados por sensores colocados em todo o edifício. *Os PARCTabs* [3,4] cabem na palma da mão e destinam-se a funcionar como notas post-it. A versão do tamanho de um caderno funciona como um bloco de notas e o *Liveboard,* uma versão do tamanho de uma parede, foi concebido para ser utilizado em colaboração por várias pessoas. Um projeto conexo no Xerox EuroPARC (figura 3.2) utiliza Active Badges (do laboratório Olivetti Research, Inglaterra) para apoiar actividades de colaboração, como a partilha de documentos, e de memória pessoal, como a ativação de lembretes de eventos importantes ou futuros ou a recordação de pessoas ou reuniões do passado recente.

Figura 3.2 A PARCTabs da Xerox EuroPARC

(iii) Aumentar o ambiente

Nesta estratégia, os movimentos feitos pelo corpo humano no mundo físico são reflectidos num ecrã. Outra aplicação foi "Put That There" de Bolt, em que uma pessoa aponta para objectos que aparecem num ecrã do tamanho de uma parede (sentada numa cadeira). Bastava dizer comandos para que os objectos gerados por computador se deslocassem para locais específicos.

O utilizador pode interagir com documentos electrónicos sem utilizar equipamento especial ou modificar o objeto, por exemplo, numa secretária digital, é utilizada uma câmara para captar o que o utilizador aponta e, em seguida, utilizando a técnica OCR (Optical Character Reader), é refletido numa folha de cálculo e, com a ajuda de um projetor, é novamente apresentado numa secretária. Assim, a informação no papel pode ser interpretada em diferentes formatos, como a conversão de imagens 2D em imagens 3D, a conversão de imagens fixas numa sequência de vídeo, a verificação ortográfica, a tradução e vários cálculos aritméticos podem ser efectuados apenas apontando para os dados no papel.

A secretária digital utiliza uma câmara de vídeo para detetar para onde o utilizador está a apontar e uma câmara de grande plano para captar imagens de números, que são depois interpretadas através do reconhecimento ótico de caracteres. Um retroprojetor projecta as alterações feitas pelo utilizador na superfície da secretária. Por exemplo, o utilizador pode ter uma coluna de números impressa numa determinada página. O utilizador aponta para os números, a secretária digital lê-os e interpreta-os e, em seguida, coloca-os numa folha de cálculo eletrónica, que é projectada de novo na secretária. Com os dedos, o utilizador pode modificar os números e efetuar cálculos "hipotéticos" sobre os dados originais [3]. A Figura 3.3 mostra como um utilizador utiliza uma secretária digital para organizar os seus dados.

Figura 3.3 Um utilizador aponta para uma coluna de números impressa num documento em papel e depois utiliza uma calculadora eletrónica projectada no ambiente de trabalho

Há um conjunto de aplicações que interpretam a informação no papel em diferentes dimensões: os números podem ser calculados, o texto pode ser verificado quanto à ortografia ou traduzido para uma língua diferente, os desenhos bidimensionais podem ser transformados em imagens tridimensionais e as imagens fixas podem tornar-se sequências de vídeo dinâmicas. Em todos estes exemplos, o utilizador pode ver e interagir com a informação eletrónica sem usar dispositivos especiais ou modificar os objectos com que interage.

3.2 Simulação interactiva de papel

O papel é um objeto extremamente versátil, utilizado para muitos fins e de várias formas diferentes. No entanto, uma vez escrita ou impressa, a informação no papel é essencialmente estática. O utilizador pode apagar as marcas de lápis e fazer novas anotações com uma caneta. Uma vez impresso, o papel não pode ser alterado no seu conteúdo. Se o conteúdo do papel tiver de ser alterado, o utilizador tem de voltar à sua versão eletrónica, fazer as alterações e imprimi-lo novamente. O resultado é que muitos utilizadores de computadores mantêm dois sistemas de arquivo paralelos, um para os seus documentos electrónicos e outro para os seus documentos em papel. Os dois estão muitas vezes relacionados, mas raramente são idênticos, e é fácil perderem a sincronia. Muitos criadores de aplicações de software compreendem este problema e tentaram substituir o papel por completo, normalmente fornecendo versões electrónicas de formulários em papel. Embora isto funcione em algumas aplicações, para muitas outras, os utilizadores acabam por ter de fazer malabarismos com versões em papel e electrónicas da mesma informação [3].

Atualmente, muitas organizações mantêm tanto documentos em papel como versões electrónicas desses documentos, embora a sincronização entre eles seja um grande problema. Em vez de os tornar eficientes, a Realidade Aumentada ajuda a criar Papel Interativo, onde aumentamos o papel diretamente. Consideremos, por exemplo, um supervisor de uma ponte. Agora, para o supervisor, o trabalho é agitado porque tem de lidar com uma dúzia de desenhos de engenharia para a ponte e tem de inspecionar o trabalho dos empreiteiros da ponte. Este trabalho é normalmente manual.

Figura 3.4 O primeiro protótipo do Ariel utiliza uma mesa digitalizadora de tamanho AO para captar anotações e comandos do utilizador e projetar a informação de volta para a mesa

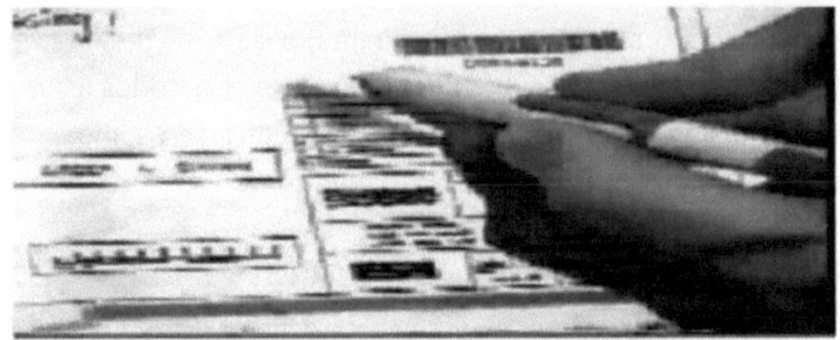

Figura 3.5 Identificação do desenho através de um leitor de código de barras.

Em vez disso, recorre-se à abordagem de Realidade Aumentada, em que o supervisor coloca o desenho num local especificado e o Ariel (UNIX) identifica um desenho com a ajuda de um código de barras e capta as notas escritas à mão e a posição da caneta de luz utilizando uma câmara de vídeo. Existem vários mecanismos para registar a localização exacta do desenho em relação à mesa digitalizadora. A versão mais bem sucedida consiste em pedir ao utilizador que aponte para cada um dos quatro cantos do desenho (depois de o identificar para que Ariel (figura 3.4) saiba o tamanho correto). Ariel ajusta então a imagem eletrónica do desenho para corresponder ao tamanho real do desenho em papel.

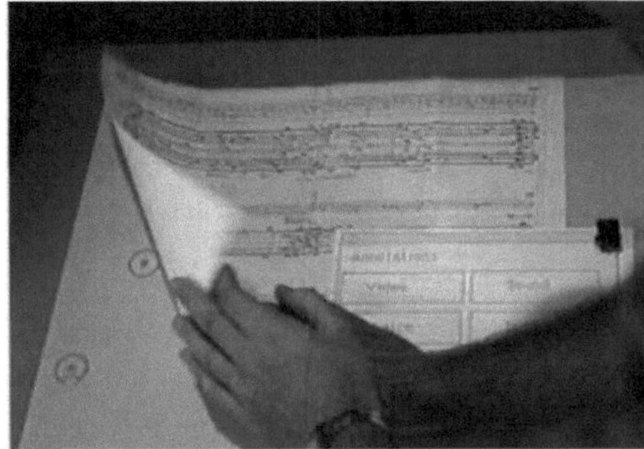

Figura 3.6 Pontos de acesso móveis, indicando anotações, são projectados no papel. O utilizador pode mover uma "janela" de papel para qualquer ponto da superfície; o Ariel detecta-o através do led vermelho no canto.

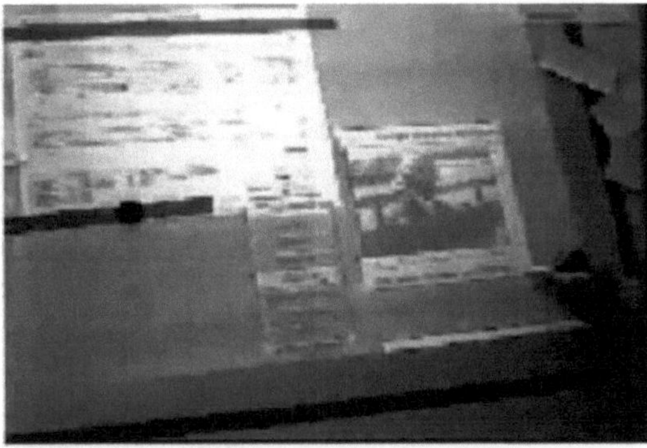

Figura 3.7 Os utilizadores podem aceder a um espaço multimédia e comunicar com outros em diferentes locais da ponte.

3.3 Mosaico de vídeo: Storyboard interativo em papel

A dimensão temporal foi explorada com a ajuda do Video Mosaic [10]. Ao vermos a imagem, considerá-la-emos como uma simples imagem, mas e se clicarmos em reproduzir e começar a aparecer um clip de vídeo e as legendas, ou se pudermos gravar e acrescentar anotações? Os realizadores de filmes utilizam o mosaico de vídeo para orientar o fluxo de um filme num storyboard.

Os segmentos do storyboard podem ser geridos como edição, gravação e anotação. Diferentes documentos hipermédia que contêm legendas, áudio, vídeo e informações de controlo podem ser partilhados através da rede ligada a um editor de vídeo em linha, que utiliza os elementos mais vantajosos de cada um.

Cada elemento do storyboard é acompanhado de um código de barras e, apontando para um determinado comando projetado no ambiente de trabalho, os elementos são organizados [3].

A figura 3.8 mostra uma representação esquemática de um mosaico de vídeo. Uma luz vermelha emitida por uma caneta de código de barras é detectada pela câmara e o projetor apresenta o vídeo correspondente no ambiente de trabalho, de acordo com o comando executado no elemento de vídeo.

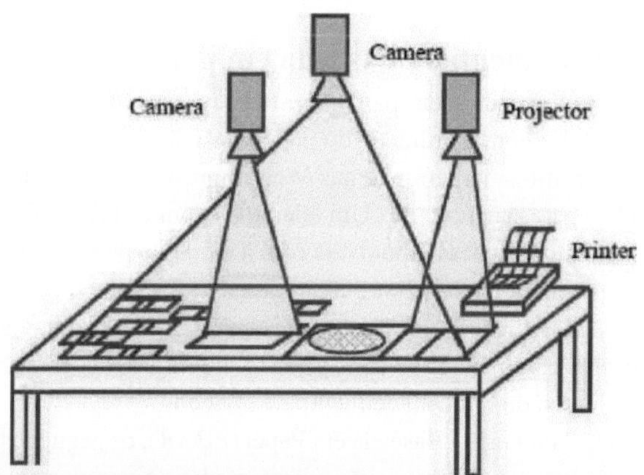

Figura 3.8 Diagrama das disposições do mosaico de video

Os storyboards consistem normalmente numa série de "planos", cada um contendo um "melhor quadro" ou esboço de uma imagem representativa de uma sequência de movimentos, o diálogo ou a locução correspondente e notas sobre os planos ou a cena. Embora os sistemas de edição de vídeo em linha estejam disponíveis há mais de uma década, a maior parte das pessoas continua a utilizar storyboards em papel: são portáteis e fáceis de ler, anotar e trocar com outras pessoas. Os sistemas de vídeo em linha facilitam a pesquisa de cadeias de texto e a visualização da ação, mas sofrem de um espaço limitado no ecrã e não são muito portáteis [3, 4]. (Mesmo com computadores portáteis, continua a ser mais fácil ler os storyboards em papel).

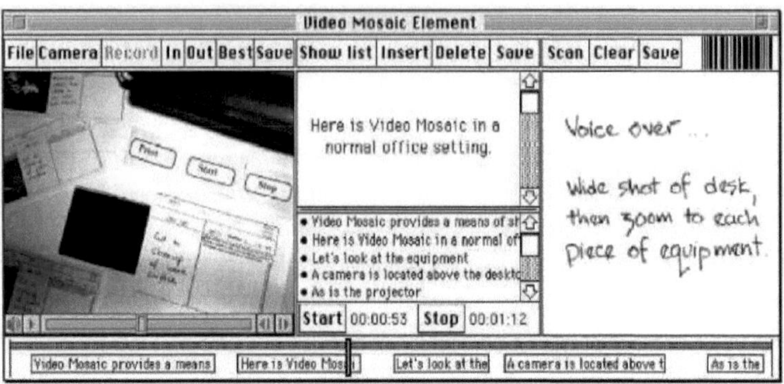

Figura 3.9 Elemento do storyboard Macintosh

O Video Mosaic permitiu-nos imprimir uma versão em papel do documento em que cada imagem fixa tem um número de identificação (ou código de barras). Quando ativado, o clip de vídeo correspondente é reproduzido no monitor junto à secretária. O Video Mosaic ilustra a forma de fundir storyboards em papel ou documentos que contêm vídeo com uma variedade de funções de edição de vídeo em linha, tirando partido dos melhores elementos de cada um.

3.4 Realidade aumentada baseada em papel

O formato do documento em papel constitui um problema para a RA. A RA baseada em papel melhora a utilidade do papel e não altera o formato do mesmo. O PBAR pode ser utilizado para páginas Web impressas, documentos impressos comercialmente e para saídas de PC. Um telemóvel com câmara pode ser utilizado para navegar nas informações disponíveis com a ajuda de páginas impressas.

O objetivo de longa data da RA é ligar os mundos digital e físico. Para obter informações de ligação a partir dos marcadores implícitos ou explícitos numa cena, tal como em processos como a recuperação de informações da Internet, é frequentemente utilizado o reconhecimento de imagens.

Na Realidade Aumentada Baseada em Papel (PBAR), os pequenos fragmentos de texto de um documento impresso são representados como imagens e podem ser utilizados eficazmente como impressões digitais, ou seja, um pequeno fragmento de texto de forma retangular pode ser distinguido de outro fragmento de texto. Assim, a posição orbitária x-y da mancha de texto num documento impresso pode ser ligada a um dado eletrónico [2]. A abordagem PBAR em Realidade Aumentada é aplicada com a ajuda de uma câmara para reconhecer manchas de texto.

3.4.1 Algoritmo para Realidade Aumentada baseada em papel

1. Ao digitalizar um documento e depois indexá-lo para reconhecimento de manchas de texto, criamos um documento com PBAR.

2. As manchas rectangulares de texto são reconhecidas e os dados são associados a essas manchas de texto. As manchas de texto são conhecidas como pontos quentes num documento impresso.

3. Todos os dados simbólicos dos hot spots e as informações do índice são armazenados numa base de dados PBAR. Podemos simplesmente associar um URL (Uniform Resource Locator, endereço Web) a um hot spot ou a um clip de vídeo, clip de áudio ou mesmo à versão eletrónica do próprio documento impresso.

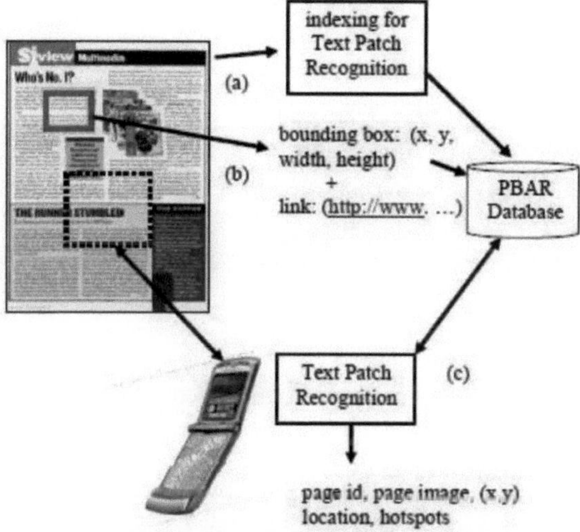

Figura 3.10 Criar e utilizar documentos de realidade aumentada em papel: os pontos de acesso e os dados a eles associados são designados (a) e a imagem da página é indexada (b). Posteriormente, o algoritmo de reconhecimento de manchas de texto identifica a página, a sua imagem, a localização (x,y) para onde a câmara está a apontar e os pontos de acesso próximos

3.5 Aplicações da Realidade Aumentada baseada em papel

Há muitas aplicações possíveis para a PBAR. Existem muitas aplicações da PBAR, mas são limitadas pelos recursos, como a criação de uma base de dados num telefone ou num servidor como efeito secundário da impressão de um documento num PC.

As duas aplicações básicas da Realidade Aumentada baseada em papel são apresentadas em seguida

3.5.1 Guia de viagem

Quando viajamos para um local e utilizamos um guia, não podemos ter a certeza da altura em que um local pode ser visitado. Pode dar-se o caso de haver um feriado no dia em que planeámos visitar um local. Veja-se o caso dos horários dos museus. No momento em que é feito um guia para um viajante, este fica desatualizado devido a algumas alterações nos horários de visita por parte das autoridades ou o guia pode ser uma versão antiga. Aplicando o PBAR, este problema pode ser resolvido. O utilizador aponta simplesmente para um documento em papel de um local ou de um estabelecimento e, quando prime o botão do telemóvel, aparece um menu no ecrã do telemóvel e, com base na seleção do menu, é apresentada a informação adequada no visor do telemóvel [2]. A figura 3.11 mostra um exemplo de um guia de viagem em realidade aumentada. O sistema de reconhecimento em tempo real aqui descrito permite sobrepor um marcador (neste exemplo, um ponto vermelho) que indica que estão disponíveis informações adicionais relacionadas com a passagem de texto subjacente. Quando o botão do telefone é premido, a aplicação cliente recupera o menu de escolhas (Fig. (ii)) relacionado com a passagem de texto. Com base na seleção do utilizador, é apresentada a informação adequada.

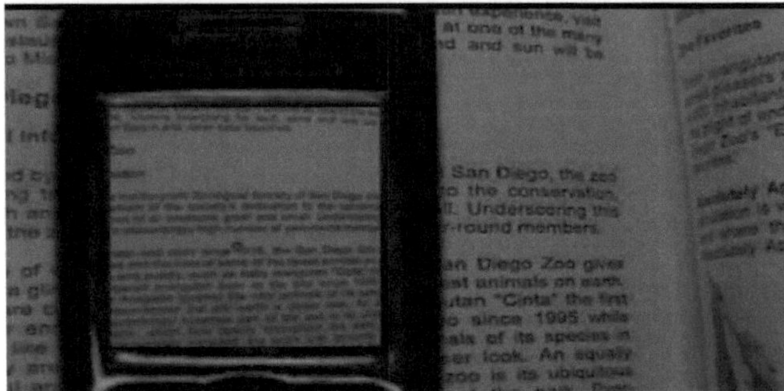

Figura 3.1 l(i) Uma indicação de que a informação está presente

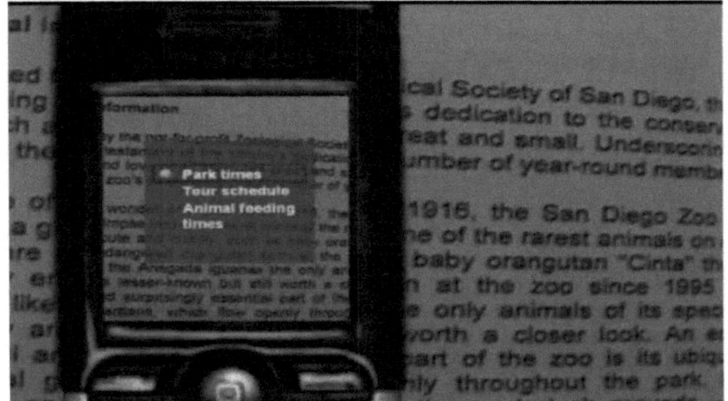

Figura 3.11(ii) um menu de escolhas

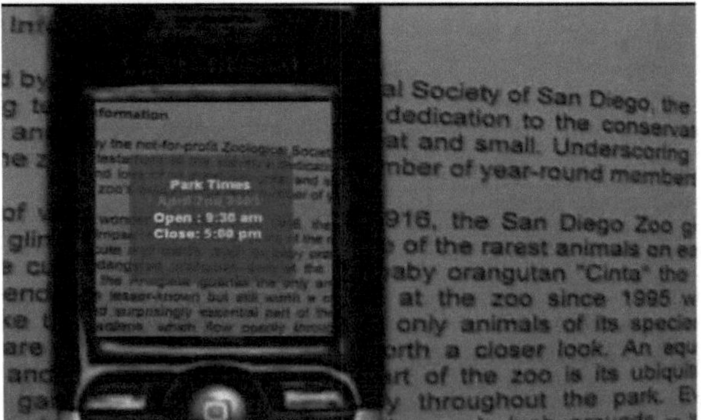

Figura 3.11 (iii) a informação selecionada

3.5.2 Documentos auto-impressos

O utilizador pode personalizar a interatividade dos documentos impressos num PC de secretária com a utilização do PBAR. O documento PBAR está sob o controlo pessoal do utilizador. A imagem de cada documento de um controlador de impressão é capturada e indexada na base de dados PBAR. O software de extração de caraterísticas de correção de texto ajuda a exportar URLs. O Windows XP e o Vista implementam plenamente a funcionalidade de documento auto-impresso e podem ser instalados em qualquer computador pessoal.

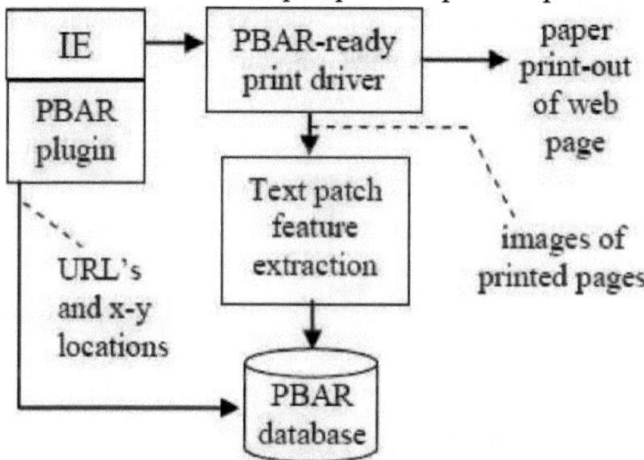

Figura 3.12 Arquitetura para a criação automática de impressões aumentadas de páginas Web

No Clickable Paper (Figura 3.13) (Aplicação PBAR), uma câmara é colocada sobre uma página Web impressa, a posição à qual está associado um URL é capturada e a imagem ou página Web correspondente a esse URL é mostrada no ecrã do telemóvel. A interface do utilizador (IU) também mostra o histórico, ou seja, as ligações visitadas anteriormente, no ecrã do telemóvel [2]. A impressão em papel (a) de uma página Web é fotografada e (b) a região em torno de um URL é capturada. Essa imagem, bem como a página Web correspondente ao URL (c), é mostrada na interface do utilizador no telemóvel com câmara (d). Um breve historial dos três últimos URL acedidos com este sistema é também apresentado na interface do utilizador.

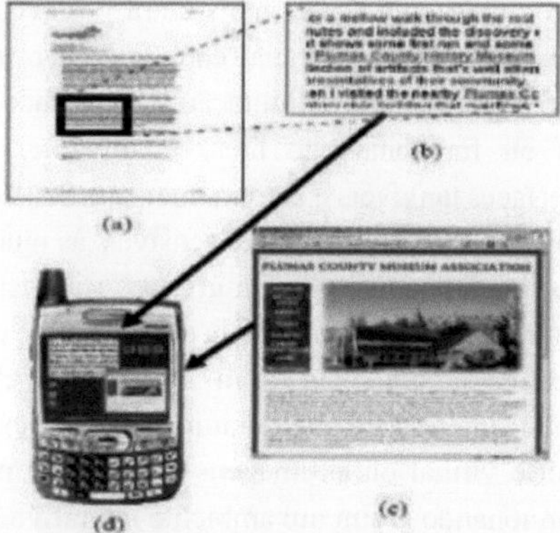

Figura 3.13 Sistema de papel clicável (a) uma página Web impressa, (b) imagem de um adesivo com

um URL, (c) página Web e (d) IU no Treo.

3.6 Realidade Aumentada Colaborativa

A ficção científica sempre teve uma grande influência nos avanços técnicos efectuados no domínio da comunicação. A primeira aparição da videoconferência surgiu no filme "Uma odisseia no espaço". Seguiu-se o filme épico "Guerra das Estrelas", no qual existia uma colaboração perfeita de imagens virtuais em tamanho real sobrepostas ao mundo real. A primeira interface de realidade aumentada surgiu no ano de 1965, quando Ivan Sutherland desenvolveu uma tecnologia que permitia sobrepor imagens ao mundo real.

O termo Realidade Aumentada é frequentemente utilizado para descrever a sobreposição de imagens virtuais bidimensionais ou tridimensionais ou de gráficos computorizados sobre imagens reais, que são geralmente visualizadas utilizando um ecrã montado na cabeça ou um ecrã de mão. Tem havido um avanço constante desde esse ano e tem levado a pessoa a interagir com o mundo real de formas que se pensava serem impossíveis [12]. Alguns exemplos que podem dar uma imagem melhor dos avanços feitos pelos sistemas de RA são: um soldado num campo de batalha pode ter o seu próprio ecrã para a cabeça que sobrepõe informações de orientação nos campos de batalha.

Embora as aplicações de RA para um único utilizador tenham vindo a aumentar e se tenham revelado muito promissoras, o maior potencial da realidade aumentada reside no desenvolvimento de interfaces do tipo multiutilizador/conjunto/colaborativo. A realidade aumentada pode ser utilizada para melhorar consideravelmente a colaboração presencial e remota, de uma forma que é difícil com a atual tecnologia tradicional.

3.6.1 Tecnologia de colaboração atual

A maior parte da tecnologia de colaboração atual apresenta deficiências, especialmente quando utilizada para interagir com conteúdos espaciais. Na colaboração cara a cara, as pessoas utilizam a fala, os gestos, o olhar e pistas não verbais para tentar comunicar da forma mais clara possível. Com a tecnologia atual, a interface cria uma divisão artificial entre o espaço real e o virtual. Esta partição pode ser definida como uma limitação da interface devido a restrições espaciais, temporais ou funcionais do meio envolvente. A apresentação de informações para interfaces tangíveis é extremamente difícil e desafiante, uma vez que as interfaces tangíveis são extremamente sensíveis às mudanças do ambiente. Assim, nas interfaces tangíveis que utilizam gráficos tridimensionais, existe uma grande disparidade entre o espaço real da tarefa e o espaço de visualização [17,12].

O avanço da realidade aumentada tem o potencial de ultrapassar estas deficiências e permitir um sentido mais natural de comunicação. A realidade aumentada trata a parte virtual ou as imagens virtuais da mesma forma que os objectos reais, proporcionando assim um ambiente interativo muito intuitivo. Nas telecomunicações áudio ou vídeo, não há meios para captar os gestos do rosto e determinar quem está a falar com quem e em que momento. Também não é fácil determinar que utilizador está interessado em falar ou em ouvir a conversa. O ambiente virtual colaborativo tenta restaurar algumas das pistas espaciais necessárias ou comuns na comunicação face a face, mas exige que o utilizador entre num mundo virtual que não faz parte do seu ambiente físico. Em contrapartida, a realidade aumentada traz os componentes virtuais para o mundo físico do utilizador, em vez de os levar para dentro dele, proporcionando assim uma integração perfeita da realidade e da virtualidade.

3.6.2 Realidade aumentada para colaboração presencial e remota

A Realidade Aumentada pode ser utilizada para melhorar um espaço de trabalho físico partilhado por uma pessoa e criar uma interface para CSCW (trabalho cooperativo apoiado por computador) tridimensional. Uma das primeiras interfaces a mostrar o potencial da RA para a colaboração cara a cara foi o sistema StudierStube. Neste projeto, um ecrã transparente montado na cabeça permite que os utilizadores visualizem, em colaboração, modelos virtuais 3D sobrepostos no mundo real. O sistema foi considerado muito intuitivo e propício à colaboração no mundo real.

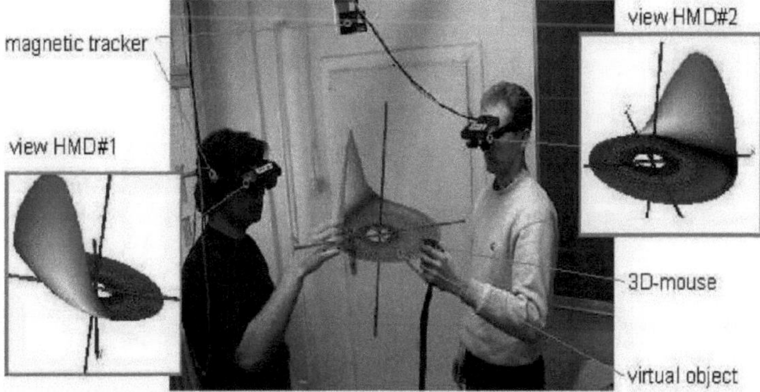

Figura 3.14 Colaboração presencial e remota

Assim, pode dizer-se que a interface colaborativa de RA produz um efeito de comunicação semelhante ao da comunicação face a face no mundo real do que a comunicação baseada no ecrã. Nos sistemas de RA, o espaço da tarefa (o espaço que contém os objectos) faz parte do espaço de comunicação, enquanto na comunicação baseada no ecrã o espaço da tarefa faz parte do espaço do ecrã, que é separado do espaço de comunicação.

As primeiras interfaces de conferência em RA foram desenvolvidas para explorar a forma como a RA poderia ser utilizada para apoiar a colaboração remota e para fornecer pistas de comunicação visual e não verbal.

Na primeira interface, um utilizador usava um visor leve montado na cabeça com uma câmara acoplada e podia ver um único utilizador remoto ligado a um cartão real como uma janela de vídeo virtual em tamanho real [17, 12]. O efeito global era que o colaborador da conferência aparecia projetado no espaço de trabalho real do utilizador local. Estes cartões podem ser organizados pelo utilizador para criar um espaço de conferência virtual e, uma vez que os cartões são de pequenas dimensões, todo o sistema se torna altamente portátil.

Figura 3.15 (i)

Figura 3.15 (ii) Espaço de conferência virtual

Investigações recentes no mesmo domínio resultaram no desenvolvimento de interfaces de RA que suportam vários utilizadores de ecrãs remotos. Estas descobertas representam uma poderosa visão remota em que os participantes remotos não fazem parte do ecrã, mas do espaço de trabalho do utilizador, o que melhora a sensação de co-presença e a compreensão do coparticipante.

3.7 Integração da realidade aumentada na Web

O avanço dos telefones inteligentes, dos PDA e dos telemóveis com câmara e processadores levou a Realidade Aumentada a atingir um público mais vasto, chegando a pessoas de diferentes comunidades e facilitando o seu trabalho. Mas a maioria das actuais aplicações de RA desenvolvidas dependem do navegador e estão num formato que não é adequado para todas as plataformas. As aplicações de RA baseiam-se geralmente em navegadores dedicados e formatos proprietários.

Este facto limita a independência da plataforma dos dados da aplicação, bem como o âmbito da reutilização.

3.7.1 Sobreposição de metadados

O navegador de RA apresenta dados sobre uma cena em direto associada a um local captado através de uma câmara. As informações são adicionadas aos cenários em direto sob a forma de sobreposições, como hospitais, locais de visita, bombas de gasolina, etc. Estes navegadores dependem da informação de geolocalização. Outro aspeto dos navegadores de RA é o facto de apresentarem dados através do reconhecimento de objectos, como acontece com o Google, que permite utilizar a fotografia tirada com o telemóvel para pesquisar na Web [7].

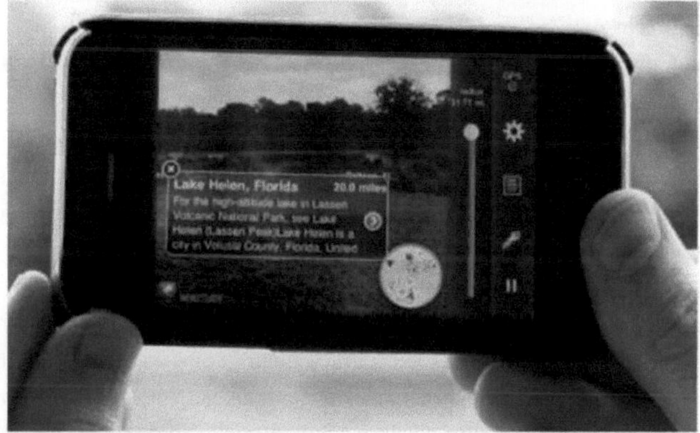

Figura 3.16 uma sobreposição de metadados

3.7.2 Inserção de dados

A inserção de dados nas imagens apresentadas é utilizada por tecnologias menos comuns. A estas imagens estáticas podem ser adicionados objectos virtuais, personagens, endereços, dicas de balões, edifícios e vídeos que podem representar o que acontece num local, como no Google Maps e no Bing Maps da Microsoft demonstrado no TED. Podem também ser adicionados objectos virtuais, como edifícios ou personagens, e os utilizadores podem interagir com eles.

3.7.3 Interfaces futuras

As futuras tecnologias de visualização e de interface permitirão novos tipos de RA: o Head Mounted Display pode tornar a RA socialmente possível em qualquer lugar, enquanto o projetor portátil pode permitir a interação com objectos reais. O domínio das tecnologias de RA é muito vasto e espera-se inovação tecnológica em algumas dessas áreas, que também terão um impacto significativo na Web.

3.8 As questões entre a Realidade Aumentada e a Web

Existem várias preocupações no que respeita ao domínio da realidade aumentada e à sua combinação com a Web. Algumas delas são abordadas de seguida: -

3.8.1 Acessibilidade do navegador

A conetividade com a Web é a base de todas as aplicações de RA. A informação para uma aplicação é recebida através da rede no navegador Web, mas a maioria das aplicações não pode ser integrada atualmente na Web, uma vez que tendem a ser aplicações dedicadas, por exemplo, as aplicações para Android e iPhone dependem do sistema operativo e do navegador. A melhoria da aplicação compatível com o navegador permitiria que a aplicação de RA chegasse a um público alargado a custos mais baixos [7].

3.8.2 A questão dos dados

A maioria das aplicações de RA utiliza formatos de dados diferentes, ou seja, não existe um formato normalizado para os dados de RA. Um formato normalizado conduziria a uma melhor experiência do utilizador e a www tornar-se-ia uma fonte para todas as aplicações de RA, conduzindo à reutilização dos dados.

3.8.3 Normas

As API normalizadas são de importância primordial para as aplicações de RA. Tal permitiria a normalização das aplicações de RA. As API em estudo são as API de dispositivos, as API de captura, as API de informação do sistema, as API de bússola e as API de localização geográfica.

A plena integração da RA na Web pode ir para além de permitir que os navegadores Web sejam utilizados como plataformas de RA. Aplicando o princípio dos dados abertos e das mash-ups, é possível imaginar a utilização de bases de dados distribuídas para criar serviços novos e mais ricos. Em vez de ter silos de dados, algumas organizações (cidades, regiões, museus, marcas...) podem estar interessadas em publicar as suas próprias informações, que seriam depois agregadas por outros sítios Web. Para tal cenário, o W3C e a comunidade de RA poderiam determinar listas de boas práticas, formatos dedicados que descrevem metadados associados a localizações espácio-temporais 3D precisas e formas comuns de recolha e consulta destas bases de dados de metadados [7]. A normalização dos navegadores Web é também uma parte essencial das aplicações de RA. Alguns navegadores já possuem capacidades de renderização 3D. O X3D é um formato de ficheiro 3D existente que é um bom método para descrever conteúdos 3D num navegador de RA. O W3C e outras comunidades de RA estão a esforçar-se por aplicar as normas existentes à RA e por conceber novas normas necessárias para integrar a RA na Web.

Resumo

O objetivo da RA é melhorar o mundo real (mundo físico) através do aumento de objectos virtuais, ou seja, acrescentando-lhe capacidades de comunicação e informação digital. As várias estratégias utilizadas pelas aplicações de RA para aumentar a realidade são: aumentar o utilizador, aumentar o objeto e aumentar o ambiente. O formato do papel coloca um problema no aumento da realidade. Em vez de se utilizar o papel para o trabalho organizacional, pode utilizar-se a realidade aumentada baseada no papel, onde se pode considerar a impressão digital de manchas de texto e aumentar os dados. A dimensão temporal foi explorada com a ajuda do Video Mosaic. Os segmentos do storyboard podem ser geridos como a edição, a gravação e a anotação para orientar o fluxo de dados para o mosaico de vídeo. O papel interativo utilizado para aumentar a realidade pode ajudar a anexar dados a uma única folha de papel e pode ser utilizado em diferentes locais. A realidade aumentada pode ser utilizada para melhorar consideravelmente a colaboração presencial e remota, de uma forma que é difícil com a atual tecnologia tradicional. As aplicações de RA integradas na Web baseiam-se geralmente em programas de navegação específicos e em formatos proprietários, o que também afecta a acessibilidade e as normas do programa de navegação.

CAPÍTULO 4

Computação e serviços baseados na localização - Rastreio de entidades externas

4.1 Sistemas móveis de realidade aumentada

O primeiro sistema de realidade aumentada foi desenvolvido por Ivan Sutherland, considerado por muitos como um pioneiro neste domínio, no ano de 1965. O sistema consistia em muitos dos componentes que são utilizados nos sofisticados sistemas de RA actuais.

A partir dessa altura, muitos investigadores de todo o mundo têm trabalhado em aplicações de realidade aumentada. Mas a computação móvel e a computação vestível só arrancaram na década de 1990, quando os computadores se tornaram suficientemente pequenos para serem transportados com uma potência muito superior.

O primeiro sistema vestível foi um computador analógico para fins especiais destinado a prever o resultado de eventos de jogo, construído em 1961.

Como qualquer sistema de realidade aumentada, os requisitos básicos para um sistema de RA móvel consistem, em primeiro lugar, numa plataforma computacional ou num computador que possa gerar e gerir os elementos virtuais, integrar os mundos real e virtual e processar todo o sistema [14]. É também necessário um ecrã onde a cena de RA será apresentada ao utilizador. Para a realidade aumentada, é necessário um HMD (Head Mounted Display) ou outro dispositivo portátil.

O problema do registo também tem de ser resolvido, uma vez que é necessário manter o alinhamento dos elementos virtuais com os objectos físicos. Se os elementos virtuais e os elementos do mundo real não estiverem corretamente alinhados, criam-se interrupções. As tecnologias de entrada e interação vestíveis permitem que uma pessoa móvel trabalhe com o mundo aumentado (por exemplo, para fazer selecções ou aceder e visualizar bases de dados que contêm material relevante) e para aumentar ainda mais o mundo à sua volta. Permitem também que uma pessoa comunique e colabore com outros utilizadores de MARS (Mobile Augmented Reality Systems).

Um requisito muito importante é também o armazenamento e o acesso aos dados. Os dados têm de ser armazenados para dar ao utilizador informação contextual em relação à sua localização e posição actuais. Mas as bases de dados tradicionais não podem ser utilizadas e são utilizadas bases de dados como as bases de dados espaciais ou temporais para armazenar a informação. A RA é uma tecnologia de IU extremamente promissora e cada vez mais viável, mas os sistemas actuais são ainda, na sua maioria, protótipos de investigação. A Figura 4.1 mostra como uma pessoa que transporta um equipamento móvel utiliza a realidade aumentada para aplicações baseadas na localização.

Figura 4.1 Realidade aumentada móvel

4.2 O desafio de fazer a realidade aumentada funcionar no exterior

O objetivo final da RA é criar um ecrã de RA que possa funcionar em qualquer ambiente. Devido às limitações dos ecrãs, a representação conjunta de ambientes virtuais e reais é uma tarefa difícil. O motor gráfico não tem a potência suficiente para processar comandos e menus virtualmente a taxas perceptíveis pelo utilizador.

O principal problema com o progresso da RA é o problema do registo, ou seja, o alinhamento do mundo real com o virtual.

Um erro no registo correto conduz a grandes problemas perceptíveis e, em última análise, leva à rejeição da aplicação de RA. Nos últimos anos, muito se tem feito em relação ao problema do registo. A maior parte dos ecrãs de vídeo transparentes utilizados comercialmente utiliza objectos do mundo real para rastrear e corrigir erros, de modo que o problema do registo é reduzido. Mas a principal desvantagem do rastreio em circuito fechado é que limita o movimento do utilizador, ou seja, não é flexível ao movimento, o que restringe o desenvolvimento de produtos comerciais de AR para exterior.

4.2.1 Motivação para a implementação da RA no exterior

A utilização da RA ao ar livre conduzirá à criação de novas aplicações, aumentará a flexibilidade e suscitará o interesse dos meios académicos e industriais e ajudará os computadores portáteis.

Um caminhante tem de consultar mapas bidimensionais (2D), bússolas e depois calcular a direção com a ajuda da informação fornecida por esta ajuda 2D no espaço 3D para onde está a olhar. A RA, se for apresentada num ambiente exterior com a ajuda de um computador portátil, pode orientar diretamente o utilizador. Pode ajudar as tropas do exército a identificar as tropas inimigas, os amigos, o conteúdo dos alcances da artilharia, o perigo das armas, etc. Ao estar numa rua, o utilizador pode obter indicações para a pizzaria mais próxima e muito mais.

Preparando óculos de realidade aumentada, um guia pode mostrar virtualmente às pessoas o que aconteceu num local histórico, um médico pode examinar o paciente com a informação disponível de acordo com os sintomas comuns e sente facilidade na biopsia cirúrgica se o sistema (RA) apontar para o local exato onde o pino deve ser inserido. O "estetoscópio 3D" dos scanners 3D é um dispositivo portátil não invasivo e está a atrair os paramédicos.

4.3 Limitações da realidade aumentada móvel

Os principais problemas da implantação da RA no exterior são

(i) Questões de tamanho, peso e potência

(ii) Apresenta

(iii) Rastreio

3.3.1 Questões de tamanho, peso e potência

A infraestrutura e os recursos disponíveis são a principal diferença entre os sistemas de RA exteriores e interiores. No caso dos sistemas de RA de interior, o consumo de energia, o peso do sistema e a área necessária para instalar um sistema são ilimitados, ou seja, são limitados pelo orçamento e não por restrições ergonómicas.

A aplicação no exterior tem uma limitação de tamanho, ou seja, a quantidade e o peso do sistema que o utilizador pode transportar. O peso que o utilizador pode carregar depende de pessoa para pessoa, pelo que as caraterísticas humanas desempenham aqui um papel importante. Além disso, como o sistema tem de ser pequeno, as questões de energia tornam-se uma preocupação importante. Comparativamente, a aplicação para interiores deve concentrar-se apenas no que o utilizador usa na cabeça e não deve preocupar-se com o tamanho, o peso ou as fontes de alimentação, porque isso não depende fisicamente do utilizador mas do orçamento do sistema [6].

3.3.2 Apresenta

Os relâmpagos dos ecrãs utilizados em aplicações de interior podem ser controlados, mas para aplicações de exterior, a aplicação pode ser utilizada sob uma luz solar intensa ou numa noite sem lua. Assim, a iluminação é outra limitação das aplicações no exterior. Quando utiliza o seu computador portátil sob luz solar intensa, deve ter tido dificuldade em ler o conteúdo do ecrã. Assim, para reduzir a quantidade de luz que entra no ecrã, é necessário utilizar um dispositivo de sombreamento.

Uma das principais motivações é a utilização de ecrãs transparentes de vídeo, porque a exposição da câmara pode ser ajustada para corresponder à entrada. Mas isto coloca algumas limitações: o mundo real dinâmico é comprimido numa gama de saída do monitor que é mais pequena, a resolução do olho humano é muito maior do que a resolução do ecrã e é necessária uma grande capacidade de computação para os ecrãs transparentes de vídeo

Figura 4.2 um ecrã exterior com pessoas aumentadas no ecrã

3.3.3 Rastreio

O seguimento é um grande desafio para as aplicações de RA interiores e exteriores. Embora se tenha conseguido um seguimento e registo precisos para as aplicações de interior através de restrições e em ambientes rigorosos, tal não é possível para as aplicações de exterior porque o ambiente das aplicações de exterior é desconhecido. Em segundo lugar, temos menos recursos disponíveis - energia, computação, sensores, etc. Estas diferenças significam que as soluções para a RA de interior podem não se aplicar diretamente aos sistemas pessoais de RA de exterior. Não temos controlo sobre o ambiente exterior e nem sempre podemos contar com a sua modificação para satisfazer as necessidades do sistema. Por exemplo, numa aplicação militar, não é realista pedir aos soldados, amigos ou inimigos, que usem pontos grandes e de cores vivas para ajudar o nosso sistema de localização [6]. Não devemos esperar medir de antemão todos os objectos do ambiente.

4.4 Técnicas: Que analisam o problema do rastreio em aplicações exteriores

Algumas das técnicas que analisam o problema da localização em aplicações exteriores são

(i) GPS (Sistema de Posicionamento Global)

(ii) Inercial e cálculo morto

(iii) Fontes activas

(iv) Ótica passiva

(v) Bússola eletrónica e sensores de inclinação

1.1.1 Sistema de Posicionamento Global

O GPS oferece uma cobertura mundial e mede a posição 3D do utilizador, mas não mede diretamente a orientação. O GPS pode ser utilizado para objectos distintos, mas não para objectos próximos, ou seja, para localizar um veículo podem ser utilizados vários GPS, mas tal não é possível para um utilizador que caminha. Os novos receptores de GPS com fase portadora têm uma precisão de centímetros. O

Sistema de Posicionamento Global mede a posição tridimensional do utilizador com uma precisão típica de 30 metros para o GPS normal e de cerca de 3 metros para o diferencial. A precisão diferencial é suficiente para ver objectos distantes mas não próximos; a 50 metros de distância, um erro de posição de 3 metros resulta em 3,4 graus de erro de registo. Uma taxa de atualização típica de um recetor GPS diferencial é de 1 Hz. No entanto, será difícil obter tais precisões a taxas interactivas devido a problemas de multipercurso; para os evitar, é necessário que a antena seja o objeto mais alto no ambiente circundante, o que claramente não é prático em muitas circunstâncias. Dependendo do facto de a unidade GPS ter ou não uma boa estimativa (inicial) da hora e da localização actuais, o atraso de arranque da unidade GPS varia de alguns segundos a vários minutos [6]. O GPS requer uma linha de visão direta para um número suficiente de satélites, pelo que funciona melhor em áreas abertas. Quando se encontra em áreas urbanas, desfiladeiros, perto de colinas e outros terrenos, o GPS é frequentemente bloqueado. Em situações militares, o GPS é facilmente bloqueado. A figura 4.3 mostra uma aplicação de RA exterior num telemóvel que utiliza o GPS e indica direcções.

Figura 4.3 Uma aplicação de AR exterior no telemóvel que utiliza GPS e mostra direcções

1.1.2 Inercial e cálculo morto

O cálculo inercial e o cálculo morto são relativamente imunes a perturbações ambientais e não têm fontes. O seu principal problema é a deriva: a acumulação de erros ao longo do tempo. Calculam a orientação em vez da posição porque só é necessário um passo de integração para a orientação, ao passo que são necessários dois para o cálculo da posição. A medição por inércia é feita para navios e aeronaves, mas não é adequada para um utilizador que se desloca a pé. Existem giroscópios de taxa com o fator de forma adequado a um ser humano e podem ser suficientes para intervalos de tempo mais curtos (minutos ou segundos). No entanto, não existem acelerómetros que possam fornecer o desempenho desejado (milímetros de desvio durante longos períodos de tempo). Para tal, são necessários acelerómetros com precisão de várias ordens de grandeza superior à que se encontra atualmente disponível. Os pedómetros ou outros dispositivos de localização por cálculo morto podem ser melhores soluções para o utilizador individual que se desloca a pé.

1.1.3 Fontes activas

Os transmissores e receptores activos são configurados utilizando tecnologias magnéticas e ultra-sónicas para sistemas VE (Virtual Environment) de interior. Pode ser viável para o ambiente exterior se for modificado, mas as infra-estruturas são o principal condicionalismo. No entanto, esta abordagem prende o utilizador a uma determinada área no exterior (perto das fontes activas) e exige uma infraestrutura (energia, estruturas de apoio para manter as fontes em posição, etc.) que pode não ser fácil de construir no exterior. Para muitas aplicações no exterior, como caminhadas no bosque, não é prático modificar o ambiente desta forma, especialmente tendo em conta o raio de ação do utilizador.

1.1.4 Controlo passivo

A capacidade de fazer uma abordagem de seguimento em circuito fechado é proporcionada pela utilização de sensores vídeo para seguir a localização do utilizador com base no que é visível (sol, estrelas, vista do ambiente circundante, etc.). As técnicas de visão por computador não são atualmente suficientemente robustas para fornecer uma solução única completa e, a menos que sejam utilizados pontos de referência conhecidos, as soluções de localização são relativas e não absolutas. O rastreio baseado em caraterísticas e cenas do mundo real é também mais difícil e produz resultados mais frágeis do que o rastreio em circuito fechado de elementos fiduciais que alguns sistemas de RA para interiores utilizam. O processamento de vídeo é também computacionalmente intensivo e não é viável em tempo real na maioria dos sistemas de PC portáteis.

1.1.5 Bússola eletrónica e sensores de inclinação

Este dispositivo de localização é o mais simples e contém dois sensores de inclinação e um sensor eletrónico. Este dispositivo é um HMD barato e a melhor unidade tem uma precisão de guinada entre -0,5 e +0,5 graus, com pequenos erros de inclinação e rotação. Embora não seja dispendioso e tenha uma taxa de erro baixa em termos de rotação e inclinação, tem limitações como a distorção, o ruído e o atraso na saída do sensor.

Figura 4.4 Mesa giratória para medir a distorção na bússola eletrónica

A bússola é muito sensível a perturbações no campo magnético da Terra. Em retrospetiva, este facto não é surpreendente, porque o campo magnético da Terra é um sinal relativamente fraco. O prato giratório mecânico é feito de Delrin e outros materiais não ferrosos, para evitar colocar fontes de distorção perto da bússola. Medimos a saída da bússola com este dispositivo em muitos locais e alturas diferentes. A bússola foi medida em intervalos de 5 graus. Mesmo quando a bússola estava longe de quaisquer fontes aparentes de distorção, as medições da bússola apresentavam um erro de até 3 graus e o padrão de distorção variava significativamente com o tempo e o local. Estes valores referem-se a medições efectuadas em ambientes "magneticamente limpos", longe de quaisquer fontes de distorção conhecidas. No entanto, em sistemas de RA realistas, é difícil evitar completamente todas as fontes de distorção magnética. No entanto, em sistemas de RA realistas, é difícil evitar completamente todas as fontes de distorção magnética. Numa situação mais realista, os erros de distorção pico a pico eram tipicamente de 20-30 graus [6]. A distorção torna difícil a utilização de um sensor deste tipo num sistema de RA sem calibração ou outras estratégias de compensação. Uma vez que algumas das curvas da figura abaixo têm formas radicalmente diferentes das outras, o desenvolvimento de modelos adequados que compensem esta distorção constitui um desafio significativo. Por outras palavras, a distorção magnética parece ser significativamente diferente em diferentes localizações geográficas e mesmo em momentos diferentes na mesma localização.

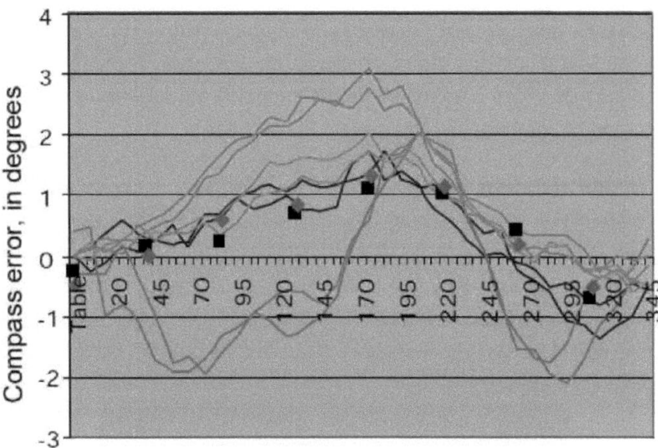

Figura 4.5 Distorção no TCM2. O eixo X é a orientação de guinada da bússola em graus, o eixo Y é o erro relativo em graus em relação à orientação inicial de zero graus.

4.5Propriedades da interface de utilizador do sistema de realidade aumentada móvel

A AR móvel apresenta uma forma de interação das pessoas com os computadores que é radicalmente diferente do computador de secretária estático ou do escritório móvel [14].

1) Controlo: - Ao contrário de uma IU de desktop autónoma, em que a única forma de o utilizador interagir com o ambiente apresentado é através de um conjunto de técnicas bem definidas, a IU MARS tem de ter em conta a imprevisibilidade do mundo real. Assim, a RA móvel tem de ter em conta factores como a oclusão, a visibilidade, etc.

2) Coerência: - É necessário manter uma coerência entre o mundo real e o mundo virtual para proporcionar um ambiente imersivo ao utilizador.

3) Espaço de Visualização: - As interfaces de utilizador tradicionais lidam apenas com elementos 2D. Mas a MARS tem de lidar com um espaço de visualização potencialmente ilimitado à volta do utilizador, do qual apenas uma parte é visível em qualquer momento.

4) Dinâmica da cena:- Numa IU monitorizada pela cabeça, a cena será muito mais dinâmica do que numa IU estacionária. Em MARS, isto é especialmente verdade, uma vez que, para além de toda a dinâmica devida ao movimento da cabeça, o sistema tem de ter em conta os objectos em movimento no mundo real que podem interagir visual ou audivelmente com a IU apresentada no ecrã usado na cabeça [14].

4.6 Realidade aumentada avançada: Tecnologias facilitadoras

A RA tem as seguintes propriedades

1. Combinação de objectos reais e virtuais em ambiente real e em tempo real.
2. Funciona de forma interactiva para o utilizador em tempo real.
3. Alinhar o objeto virtual e o objeto real entre si.

A definição de RA não se restringe a tecnologias de visualização específicas, como um ecrã montado na cabeça (HMD). Também não se limita ao sentido da visão.

A RA pode aplicar-se potencialmente a todos os sentidos, incluindo a audição, o tato e o olfato. Certas aplicações de RA exigem também a remoção de objectos reais do ambiente percepcionado, para além da adição de objectos virtuais.

Por exemplo, uma visualização em AR de um edifício que existia num determinado local pode remover o edifício que existe atualmente nesse local. A tarefa de remover objectos reais é designada *por realidade mediada* ou *diminuída,* mas é considerada um subconjunto da RA.

Os recentes avanços na RA incluem as tecnologias de apoio, os ecrãs de cabeça, os ecrãs de projeção, o problema da visualização e os sensores de localização. Os estudos dos factores humanos e os problemas de perceção também devem ser considerados na conceção de uma aplicação de realidade aumentada.

As tecnologias facilitadoras são avanços nas tecnologias de base necessárias para criar ambientes de RA apelativos.

1.1.1 Apresenta

1.1.1.1 Ecrãs de cabeça (HWD).

Os utilizadores montam este tipo de ecrã na cabeça, fornecendo imagens à frente dos olhos. Existem dois tipos de HWDs: os visíveis ópticos e os visíveis por vídeo. Este último utiliza a captura de vídeo de câmaras de vídeo usadas na cabeça como fundo para a sobreposição de RA, mostrada num ecrã opaco, enquanto o método de visualização ótica fornece a sobreposição de RA através de um ecrã transparente. Uma abordagem diferente é o ecrã de retina virtual [8], que forma imagens diretamente na retina. A figura 4.6 mostra um ecrã de óculos com um elemento holográfico. As vantagens potenciais incluem brilho e contraste elevados, baixo consumo de energia e grande profundidade de campo. Idealmente, os ecrãs de RA para a cabeça não seriam maiores do que um par de óculos de sol. Várias empresas estão a desenvolver ecrãs que incorporam ópticas de visualização em óculos convencionais.

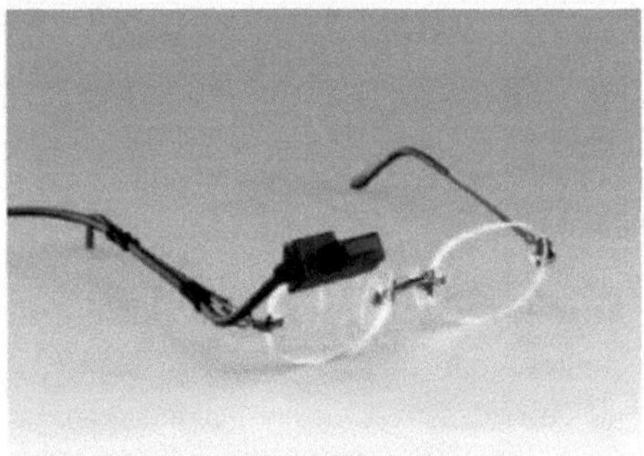

Figura 4.6 Ecrã de óculos Minolta com elemento holográfico

1.1.1.2 Ecrãs de mão

Alguns sistemas de RA utilizam ecrãs LCD de painel plano portáteis que utilizam uma câmara acoplada para fornecer aumentos baseados na visualização de vídeo. O ecrã de mão funciona como uma janela ou uma lupa que mostra os objectos reais com uma sobreposição de RA.

1.1.1.3 Ecrãs de projeção

Nesta abordagem, a informação virtual desejada é projectada diretamente sobre os objectos físicos a serem aumentados. No caso mais simples, pretende-se que as ampliações sejam coplanares com a superfície sobre a qual se projectam e que sejam projectadas a partir de um único projetor montado numa sala, sem necessidade de óculos especiais. Vários utilizadores podem ver imagens diferentes no mesmo alvo projectadas pelos seus próprios sistemas de cabeça, uma vez que as imagens projectadas só podem ser vistas ao longo da linha de projeção.

1.1.2 Novos sensores e abordagens de localização

O rastreio preciso da orientação e da posição de visualização do utilizador é crucial para o registo da RA. Alguns sistemas utilizam técnicas de seguimento híbridas (como sensores magnéticos e de vídeo) para explorar os pontos fortes e compensar os pontos fracos das tecnologias de seguimento individuais. Um sistema que combina acelerómetros e rastreio de vídeo demonstra um registo preciso mesmo durante movimentos rápidos da cabeça. O seguimento visual baseia-se geralmente na modificação do ambiente com marcadores fiduciais colocados no ambiente em locais conhecidos [5].

1.1.2.1 Deteção do ambiente

Uma RA eficaz requer o conhecimento da localização do utilizador e da posição de todos os outros objectos de interesse no ambiente. Em aplicações de RA móveis e no exterior, não é geralmente prático cobrir o ambiente com marcadores. Com a adição do rastreio de vídeo (não em tempo real), o sistema produz resultados quase exactos em termos de píxeis em caraterísticas de pontos de referência conhecidos. O Sistema de Posicionamento Global (GPS) ou as técnicas de cálculo morto geralmente rastreiam a posição em tempo real ao ar livre, embora ambos tenham limitações significativas (por exemplo, o GPS requer uma visão clara do céu). Em última análise, a localização em ambientes não preparados pode depender fortemente da localização de caraterísticas naturais visíveis (tais como objectos que já existem no ambiente, sem modificação).

1.1.2.2 Baixa latência

Os atrasos do sistema são frequentemente a maior fonte de erros de registo. A previsão do movimento é uma forma de reduzir os efeitos dos atrasos. Os investigadores tentaram modelar o movimento com maior precisão e alternar entre vários modelos. O deslocamento de uma imagem pré-renderizada no último instante pode compensar eficazmente os movimentos de pan-tilt.

1.1.3 Problemas de visualização

Os investigadores estão a começar a abordar os problemas fundamentais da apresentação de informações em ecrãs de RA.

1.1.3.1 Visualização da estimativa de erro

Em alguns sistemas de RA, os erros de registo são significativos e inevitáveis. Por exemplo, a localização medida de um objeto no ambiente pode não ser conhecida com precisão suficiente para evitar um erro de registo visível. Nestas condições, uma abordagem à representação de um objeto consiste em apresentar visualmente a área no espaço do ecrã onde o objeto poderia residir, com base nos erros de localização e medição esperados. Isto garante que a representação virtual contém sempre a contraparte real. Outra abordagem para a representação de objectos virtuais que devem ser ocultados por objectos reais consiste em utilizar uma função probabilística que desvanece gradualmente o objeto virtual oculto ao longo dos limites da região ocultada, tornando os erros de registo menos questionáveis [5].

1.1.3.2 Densidade dos dados

Se aumentarmos o mundo real com grandes quantidades de informação virtual, o ecrã pode tornar-se confuso e ilegível. Ao contrário de outras aplicações que têm de lidar com grandes quantidades de informação, as aplicações de RA têm também de gerir a interação entre o mundo físico e a informação virtual, sem alterar o mundo físico. Uma abordagem utiliza uma técnica de filtragem baseada num modelo de interação espacial para reduzir ao mínimo a quantidade de informação apresentada, mantendo a informação importante à vista.

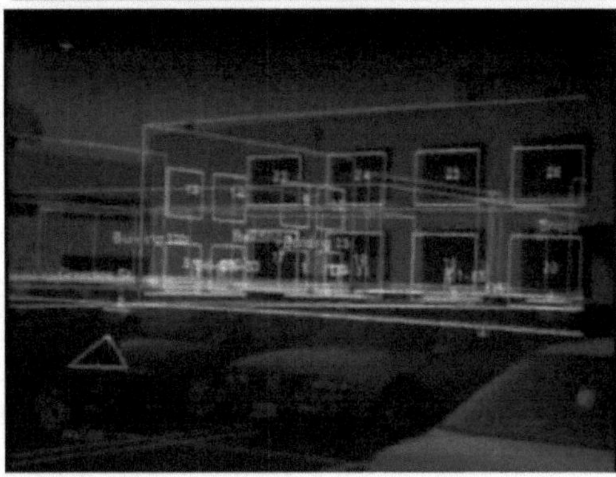

Figura 4.7 Filtragem de dados para reduzir problemas de densidade Vista não filtrada (em cima) e vista filtrada (em baixo)

4.6.3.3 Renderização avançada

Para algumas aplicações, as ampliações virtuais devem ser indistinguíveis dos objectos reais. Embora as representações e composições de alta qualidade não sejam atualmente viáveis em tempo real, os investigadores estão a estudar o problema da representação fotorrealista em RA e da remoção de objectos reais do ambiente (por exemplo, realidade mediada).

4.6.3.4 Realidade mediada

O problema da remoção de objectos reais vai para além da extração de informação de profundidade de uma cena; o sistema deve também segmentar objectos individuais nesse ambiente. Um método semi-automático para identificar objectos e a sua localização na cena através de silhuetas, esta técnica permite a inserção de objectos virtuais e a eliminação de objectos reais sem uma reconstrução 3D explícita do ambiente. Na figura 4.8, tudo é real, exceto a vaca castanha e a árvore.

Figura 4.8 Oclusões virtuais e reais. A vaca castanha e a árvore são virtuais; o resto é real.

1.1.3.5 Renderização fotorealista

Um requisito fundamental para melhorar a qualidade da representação de objectos virtuais em aplicações de RA é a capacidade de capturar automaticamente a iluminação ambiental e a informação de reflectância. Três exemplos de trabalhos nesta área são uma abordagem que utiliza modelos elipsoidais para estimar os parâmetros de iluminação, a representação fotométrica baseada em imagens e a captura de iluminação de elevada gama dinâmica.

4.7 Estudos de factores humanos e problemas de perceção

Para uma conceção eficaz das aplicações de RA, os factores humanos desempenham um papel vital. Os factores significativos que afectam a utilização a longo prazo dos sistemas de RA incluem

(i) Latência

A latência é referida como o atraso no registo (seguimento). O atraso provoca os erros máximos de registo de todas as fontes combinadas. Geralmente, um erro de um milímetro é igual a um atraso de um milissegundo. O desempenho da tarefa é drasticamente reduzido devido ao atraso [5].

(ii) Perceção da profundidade

A representação do objeto virtual num ambiente real é crucial no que diz respeito à profundidade. A profundidade a que uma imagem é apresentada deveria reduzir o problema do registo, mas a atual tecnologia de visualização causa problemas como a baixa resolução e a fraca luminosidade dos ecrãs, que fazem com que os objectos sejam apresentados longe do local onde realmente se encontram. A rotação do olho pode afetar a perceção, pelo que a localização do ponto ocular deve ser determinada com precisão.

(iii) Adaptação

O desempenho tem um impacto negativo se o utilizador se adaptar ao equipamento de RA. Um estudo demonstrou que os olhos do utilizador se adaptaram à deslocação vertical das câmaras acima dos olhos do utilizador num vídeo visto através de um HMD, mas o utilizador apresentou uma grande ultrapassagem no posicionamento da profundidade quando o HMD foi removido [5].

(iv) Fadiga e tensão ocular

Para uma utilização a longo prazo, devem ser utilizados ecrãs confortáveis. Os ecrãs desconfortáveis causam tensão nos olhos, o que leva a que a aplicação de RA não seja utilizada. Um estudo mostrou que a utilização de um ecrã monocular ou estéreo era menos cansativa e causava menos tensão e fadiga ocular do que um ecrã binocular utilizado para a mesma imagem.

4.8 Limitações no caminho da Realidade Aumentada

Embora nos últimos anos se tenha trabalhado muito no domínio da RA, apenas alguns dos trabalhos de investigação em RA conseguiram amadurecer a partir do seu primeiro protótipo desenvolvido. As principais limitações na via de uma utilização mais alargada da RA são

(i) Limitações tecnológicas
(ii) Limitações da interface do utilizador
(iii) Aceitação social

3.8.1 Limitações tecnológicas

A implantação de muitas aplicações de RA continua a ser limitada devido à limitação de localizadores, ecrãs, etc., sobretudo devido ao custo e à inviabilidade. Os sistemas de realidade aumentada devem ser exactos, baratos, leves e consumir menos energia para uma implantação adequada. Atualmente, a maioria dos ecrãs não são muito portáteis, outros não são suficientemente brilhantes e ficam completamente apagados com luz forte. Os computadores pessoais (PC), as baterias, os sensores e os ecrãs continuam a ser pesados para serem transportados por uma pessoa para aplicações no exterior. O foco de muitos ecrãs é fixo num determinado local, o que coloca problemas de sincronização entre os mundos real e virtual.

Os computadores portáteis disponíveis no cenário atual têm apenas um processador e um sistema operativo que não suporta a computação em tempo real, o que limita o rastreio híbrido e visual. Mesmo que sejam utilizados sistemas operativos em tempo real, estes não dispõem dos controladores necessários para os sensores e o equipamento gráfico. O seguimento é um dos principais problemas da RA. Não só tem de ser feito num ambiente restrito, como também representa um desafio para um ambiente não preparado, exigindo assim procedimentos de calibração extensivos. Assim, ao reduzir as dificuldades de rastreio (deteção) e ao criar um ambiente livre de calibração, os requisitos de configuração podem ser minimizados [5].

3.8.2 Limitações da interface do utilizador

A interface do utilizador é a interface entre o utilizador e o sistema. Ilustra ao utilizador o que é um sistema. A interface do utilizador desempenha um papel importante na aceitação e rejeição de um sistema. As caraterísticas humanas, como a perceção, a memória, a capacidade de processamento da informação e os atributos dos sensores, influenciam a forma como o utilizador deve interagir com os dados. A questão principal das limitações da interface do utilizador é saber como é que um utilizador pode fazer relatórios e consultas de dados que lhe são fornecidos, que informações devem ser fornecidas ao utilizador na interface do utilizador (IU) sobre o sistema e como é que essas informações são representadas no ecrã para que o utilizador as compreenda da melhor forma.

3.8.3 Aceitação social

A aceitação de qualquer sistema de RA é o objetivo da alma do designer. A forma como um sistema será aceite pela sociedade na vida quotidiana é a aceitação social, tal como um computador portátil ou um frigorífico. Embora muitas pessoas estejam conscientes da simulação da aplicação da RA, o desafio é persuadir um utilizador a usar um sistema que é limitado pela moda (consciência da aparência), pela preocupação com a privacidade ou talvez pelo custo. Pouco tem sido feito para resolver a questão da aceitação, mas antes que a RA seja amplamente aceite, esta limitação tem de ser ultrapassada.

Resumo

O objetivo final da RA é criar um ecrã de RA que possa funcionar em qualquer ambiente. Devido às limitações dos ecrãs, a representação conjunta de ambientes virtuais e reais é uma tarefa difícil. O principal problema com o progresso da RA é o problema do registo, ou seja, o alinhamento do mundo real com o virtual. Os problemas com a realidade aumentada no exterior são o tamanho, o peso e a potência consumidos pelo equipamento de realidade aumentada, bem como a qualidade dos ecrãs e a precisão de rastreio dos sensores. Várias técnicas que ajudam a analisar o problema da realidade aumentada no exterior são os sistemas de posicionamento global, o cálculo inercial e o cálculo morto, as fontes activas, a ótica passiva e a bússola eletrónica e os sensores de inclinação. A interface do utilizador em realidade aumentada no exterior é determinada pelo controlo, consistência, espaço de visualização e dinâmica da cena. O capítulo descreve ainda algumas das tecnologias facilitadoras que afectam a realidade aumentada na secção 4.6. Os factores humanos que afectam a simulação da realidade aumentada, bem como as limitações no caminho da realidade aumentada, também foram discutidos.

CAPÍTULO 5

Requisitos de infraestrutura com gestão de interesses para aplicações de realidade virtual aumentada

5.1 Introdução

O ambiente virtual tem um software complexo e rígido destinado a realizar uma tarefa específica. Este facto limita a conceção e as implementações globais e impõe também um efeito adverso no desempenho do sistema. A heterogeneidade da rede aumenta o problema em ambientes virtuais de grande escala. Existe muita arquitetura para lidar com os problemas dos ambientes virtuais de grande escala, tendo sido adoptadas várias abordagens para a gestão dos interesses. Na NPSNET, o mundo é dividido em hexágonos. Cada hexágono representa um grupo multicast. Qualquer informação sobre alterações de estado é enviada pela entidade para um grupo multicast correspondente ao hexágono em que se encontra, bem como para o hexágono que a rodeia. Funciona bem quando as entidades estão distribuídas uniformemente, mas não quando estão agrupadas.

Em SPLINE [22], a divisão do ambiente virtual é feita com o conceito de localidades, que têm tamanho e forma arbitrários. Isto ajuda a resolver o problema da aglomeração. No entanto, a localidade é gerada automaticamente e, por conseguinte, não é possível saber quantas entidades estarão num determinado local e a construção manual de localidades pode ser muito cansativa e complexa, pelo que, para ambientes virtuais muito grandes, a vantagem da localidade se perde. Na secção 5.2 são analisadas várias abordagens.

Os sistemas que participam no sistema de simulação visual estão ligados através de uma rede. Cada estação de trabalho tem um programa de interface para simular a imersão num ambiente virtual. A imagem é construída de forma a refletir o ponto de vista do utilizador. Cada utilizador é representado como uma entidade, e a ação do utilizador é igual às actualizações da entidade no ambiente virtual.

Manter a coerência entre estas estações de trabalho é uma questão fundamental. O ambiente é de natureza 3D e a renderização exige um acesso rápido à base de dados geométrica, pelo que as partes partilhadas do ambiente são copiadas em todos os sistemas. Quando ocorre uma alteração, esta deve ser aplicada a todas as réplicas da base de dados para manter a coerência [24]. As tecnologias e a infraestrutura, bem como a norma, são discutidas na secção 5.3

A realidade virtual, também designada por ambientes virtuais, é um novo paradigma de interface que utiliza computadores e interfaces homem-computador para criar o efeito de um mundo tridimensional no qual o utilizador interage diretamente com objectos virtuais. A realidade virtual é a utilização de computadores e interfaces homem-computador para criar o efeito de um mundo tridimensional que contém objectos interactivos com uma forte sensação de presença tridimensional.

O importante nesta definição é o facto de a realidade virtual ser gerada por computador, tridimensional e interactiva. Pretende criar o efeito de interação com coisas e não com imagens de coisas. A realidade virtual é um efeito e não uma ilusão. Em particular, a realidade virtual não tenta, a priori, criar uma ilusão do mundo real (embora algumas aplicações o tentem fazer). Note-se também que é a interface, e não o conteúdo, que caracteriza a realidade virtual [28]. Na última secção 5.4, as aplicações para visualização científica e espaço de conferência são descritas como exemplo.

5.2 Mecanismos de filtragem de dados e gestão de interesses para ambientes virtuais de grande escala

As simulações distribuídas em grande escala modelam as actividades de milhares de entidades que interagem num ambiente virtual simulado através de redes de área alargada. Originalmente, estes sistemas utilizavam protocolos que ditavam que todas as entidades transmitissem mensagens sobre todas as actividades, incluindo a permanência imóvel ou inativa, a todas as outras entidades, o que resultava numa explosão de mensagens recebidas por todas as entidades, a maioria das quais sem interesse. Utilizando um mecanismo de filtragem designado por gestão de interesses, alguns destes sistemas permitem agora que as entidades manifestem interesse apenas no subconjunto de informação que lhes é relevante.

Existem muitas abordagens disponíveis para a gestão de interesses e a filtragem de dados. Algumas dessas abordagens são SPLINE, RING, etc. Este capítulo, em particular, lança luz sobre algumas destas abordagens. A secção 5.2.1 apresenta os pormenores de uma abordagem em três níveis que divide dinamicamente o ambiente virtual em áreas, resolvendo assim o problema da aglomeração de forma eficaz. A secção 5.2.2 descreve outro sistema, conhecido por RING, que utiliza uma abordagem cliente-servidor. Nesta abordagem, a gestão dos interesses é efectuada com base em critérios de visibilidade, ou seja, qualquer alteração do estado de uma entidade é notificada às entidades que a podem ver. A última secção aborda os dois conceitos que fazem com que o sistema SPLINE funcione em ambientes virtuais, locais e beacons.

5.2.1 Gestão de interesses em três níveis para ambientes virtuais de grande escala

A gestão de interesses tem sido, normalmente, um processo de uma só etapa. Os dados vinham da rede e, em seguida, um gestor de áreas de interesse (AOIM) filtrava-os de forma grosseira, passando ao cliente os dados mais relevantes. Outras abordagens, como a NPSNET [21], dividem o ambiente em hexágonos e enviam mensagens com alterações para os hexágonos circundantes. Mas não funciona bem em ambientes aglomerados. Os locais e beacons usados no sistema SPLINE [22] dividem o sistema em tamanhos arbitrários, mas a geração de locais é complexa em ambientes de grande escala.

5.2.1.1 Conceção de uma abordagem com filtragem multicamada para otimizar o desempenho

Na conceção, o primeiro nível consiste em dividir o mundo em pedaços mas, ao contrário do SPLINE [22], é feito de forma dinâmica, resolvendo o problema da aglomeração. A informação enviada pelo primeiro nível é de baixa fidelidade, o que significa que é apenas uma aproximação. A informação de alta fidelidade é refinada pelos dois níveis superiores.

No segundo nível, é efectuada uma correspondência perfeita, independente do protocolo, entre os interesses do cliente e o ambiente, com a ajuda dos dados do primeiro nível. Esta passagem é conhecida como deteção de proximidade. O terceiro nível tem em consideração a dependência do protocolo e permite apenas os dados de que o cliente necessita. A figura 5.1 mostra o fluxo de dados depois de serem filtrados em cada camada. Uma vez que o protocolo é separado da gestão dos interesses principais, permite a existência de vários protocolos.

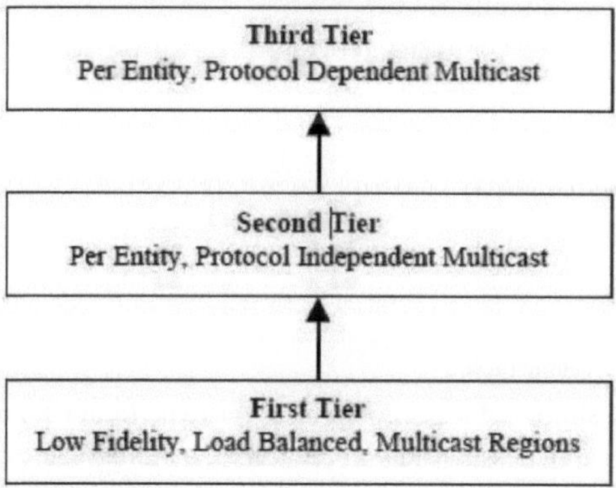

Fig. 5.1: Fluxo de dados numa conceção de três níveis

Pensa-se que, em conjunto, estes níveis, tal como ilustrado na figura 5.1, criam a melhor correspondência possível entre o que o cliente pretende receber e o que efetivamente recebe, conservando simultaneamente a largura de banda da rede e os ciclos da CPU.

A. O primeiro nível

A razão pela qual os dados são frequentemente filtrados apenas de forma aproximada pelos gestores de interesses é que, para um grande número de clientes, é demasiado dispendioso calcular uma intersecção exacta entre a expressão de interesse (IE) de um cliente e todos os dados que chegam através da rede. Se os dados grosseiramente filtrados fossem utilizados como uma primeira passagem para esta intersecção, em vez de uma aproximação, seria possível calcular exatamente os dados necessários para um determinado cliente utilizando apenas este subconjunto dos dados totais. Assim, a dimensão de uma simulação seria limitada apenas pelo número de entidades com que um determinado cliente está a interagir e não pelo número de entidades em toda a simulação.

Um elemento presente na maioria dos IEs é a distância de um cliente. Normalmente, esta área de interesse (AOI) pode ser representada por uma esfera com um raio igual à distância máxima de interesse. Tal como descrito na introdução, várias abordagens utilizaram grupos multicast baseados no espaço para reduzir a carga da rede e da CPU a nível de hardware. Embora bem-sucedidas, essas abordagens são limitadas pelo tamanho de um grupo no espaço tridimensional. Se uma região fosse demasiado pequena, um cliente teria de subscrever demasiados grupos e, se a região fosse demasiado grande, um cliente teria de ouvir outros clientes que não lhe interessavam. [23]

A Figura 5.2 mostra um exemplo de um caso em que as regiões são demasiado grandes. É fácil ver que há muitos clientes "aglomerados" na região 4, mas poucos clientes nas regiões 1, 2 ou 3. Se um cliente, com uma AOI como a indicada pelo círculo, estivesse interessado apenas num pequeno canto da região 4, ficaria sobrecarregado com dados de clientes que lhe interessam pouco.

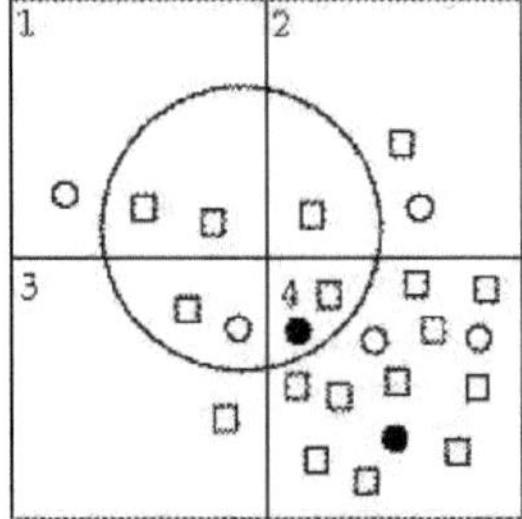

Fig 5.2 - Exemplo de "aglomeração

Uma solução simples para o problema descrito na figura 5.2 é usar uma octree para equilibrar a carga dessas regiões e, portanto, o número de entidades dentro de um grupo multicast. Se demasiadas entidades estiverem numa região, basta subdividi-la em oito regiões. Se demasiadas entidades saírem de um grupo de regiões, fundir oito regiões numa região maior. Ao balancear a carga dos grupos multicast desta forma, é impossível encontrar o exemplo de aglomeração descrito acima. A Figura 5.3 mostra a mesma distribuição de clientes da Figura 5.2, mas com regiões balanceadas. Observe que um cliente com uma AOI como a mostrada pelo círculo só receberia informações sobre 12 entidades, como mostrado na figura 5.3, em vez de 24, como na figura 5.2.

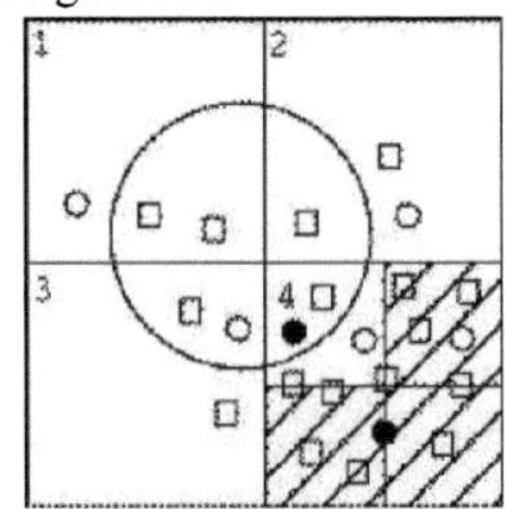

Fig 5.3 -'Clumping' com balanceamento dinâmico de carga

A subdivisão dinâmica da octree cria um novo problema. Se houver uma densidade muito elevada de entidades, a subdivisão pode ocorrer ao ponto de as entidades estarem continuamente a mudar de região e a adicionar sobrecarga quando esta é menos necessária. Tomemos como exemplo o caso de um homem junto a um formigueiro com 10.000 formigas. Devido à elevada densidade de formigas, a octree subdividir-se-á até atingir um determinado critério de densidade de entidades. Isto é exatamente o que as formigas precisam, mas exatamente o que o homem não precisa. Se o homem se deslocasse pela colina, passaria por dezenas, possivelmente centenas, de regiões em cada passo [23].

Para resolver este problema, é introduzido o conceito de região mais pequena. Uma entidade calcula a região mais pequena que considera razoável, tendo em conta a sua dimensão e velocidade. Quando uma região em que se encontra se divide, uma entidade simplesmente verifica se está abaixo do seu requisito de tamanho mínimo. Em caso afirmativo, permanece na região atual em vez de mudar para um dos oito novos nós folha.

O resultado é que as entidades são encontradas em toda a octree, não apenas nos nós folha, e são distribuídas não apenas por localização, mas também por tamanho e velocidade. Isto tem a vantagem adicional de permitir uma filtragem adicional com base no tamanho e a capacidade de efetuar uma agregação eficiente. Tomemos novamente o exemplo do homem e das formigas. Pode acontecer que o homem esteja a correr num campo e passe por acaso pela colina. Se assim for, ele não estará interessado em coisas do tamanho das formigas e, como tal, não precisa de se inscrever nas regiões das formigas. Uma versão agregada das formigas pode estar presente numa das regiões maiores, dando-lhe a impressão de que as formigas estão lá quando ele passa. Mas se ele parar para examinar a colina, pode simplesmente subscrever temporariamente as regiões mais pequenas, para ver as formigas em todo o seu pormenor.

Uma limitação da utilização de grupos multicast é o facto de o tempo de adesão a um grupo poder ser da ordem de meio segundo. Este problema pode ser tido em conta aquando da decisão sobre uma AOI. Por exemplo, se uma entidade se pode deslocar no ambiente virtual a uma velocidade de 100 metros por segundo, o raio da sua AOI pode ser alargado em 50 metros para ter em conta um atraso de 0,5 segundos no tempo que demora a juntar-se a um grupo. Ao aumentar a AOI, é possível que o cliente receba informações sobre mais entidades do que as desejadas, mas lembre-se de que se trata apenas de uma primeira passagem e que o segundo nível decidirá se as informações de maior fidelidade de uma entidade são efetivamente necessárias.

B. O segundo nível

Tradicionalmente, a utilização de grupos multicast só era utilizada a um nível alargado porque o número de endereços disponíveis limitava a implementação. No IPv4, o espaço de endereçamento para endereços multicast está limitado a pouco mais de 8 milhões de endereços [23]. Ainda mais limitativo é o número de endereços que uma única interface pode subscrever e o número de rotas multicast que um router pode controlar. À medida que o multicast amadurece e se torna mais amplamente utilizado em toda a Internet, estas limitações de hardware tornar-se-ão menos restritivas. O IPv6 já está a ser utilizado na Internet. No IPv6, o espaço de endereçamento utilizado para o endereço multicast é atualmente de mais de 32 bits, mas foi atribuído espaço para mais de 112 bits a utilizar quando o hardware de encaminhamento estiver a par.

Se uma entidade tivesse o seu próprio endereço multicast, os clientes poderiam subscrever-se uns aos outros por entidade. Um cliente pode utilizar a informação obtida a partir da filtragem de primeiro nível para limitar a lista de possíveis candidatos a escolher, limitando assim a quantidade de recursos de rede e de CPU necessários para a gestão de interesses. Assim, a figura 5.4 descreve como as entidades fora da IOA serão excluídas das mensagens de atualização que o cliente recebe. A forma como os dados são recolhidos no primeiro nível não tem de ser específica do protocolo. De facto, já foi demonstrado como vários protocolos podem ser inseridos dinamicamente numa simulação em tempo de execução. Uma vantagem adicional de ter um fluxo de rede por entidade é o facto de poderem ser específicos de um protocolo e de poderem contornar completamente a camada AOIM.

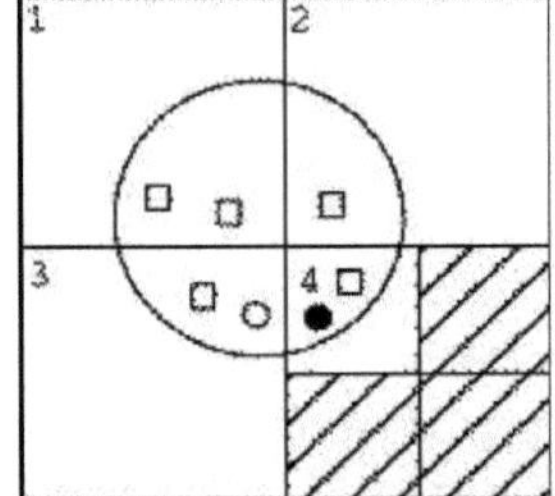

Fig 5.4 - Balanceamento de carga com filtro AOI

A figura 5.4 mostra as mesmas intersecções de AOI e região da figura 5.3, mas agora o cliente só está interessado nas entidades que se encontram dentro da AOI. As entidades podem ser classificadas e só serão enviadas mensagens de atualização dos clientes que tenham uma forma circular, como se descreve na figura 5.5.

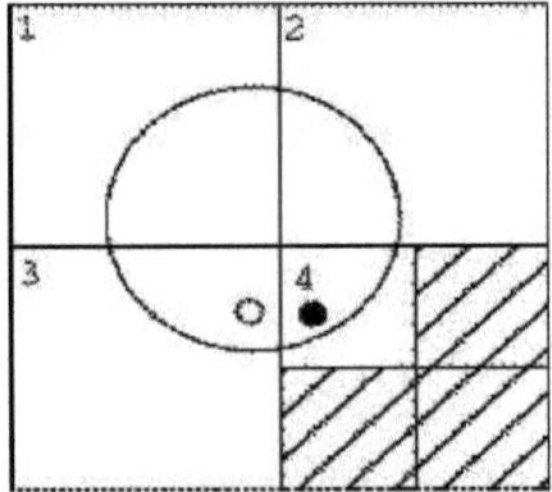

Figura 5.5 - Filtro AOI e protocolo

A segunda camada recebe os dados da primeira camada e passa-os através de um filtro de protocolo. A figura 5.5 mostra as mesmas intersecções de AOI e região da figura 5.3, mas agora o cliente só está interessado em entidades que estejam dentro da AOI e que utilizem o protocolo do círculo.

C. O terceiro nível

Tal como referido anteriormente, os dois primeiros níveis podem ser implementados de forma independente do protocolo, de modo a que uma simulação que consista em vários protocolos possa existir com a gestão de juros calculada apenas uma vez por cliente e não uma vez por protocolo e por cliente. Isto introduz um problema. Se o AOIM não tiver conhecimento de atributos específicos de um determinado protocolo, então esses atributos não podem estar contidos no IE de um cliente. Ao acrescentar a gestão de interesses específica de um protocolo no próprio módulo do protocolo, cria-se um terceiro nível que permite uma filtragem quase perfeita dos dados [23].

Continuando o exemplo da figura 5.5, a figura 5.6 mostra novamente as mesmas intersecções AOI e região, mas agora o cliente só está interessado em entidades que sejam círculos e que tenham a propriedade específica do protocolo de serem de cor sólida. Isto produz apenas uma entidade, em vez de 24 como na figura 5.2.

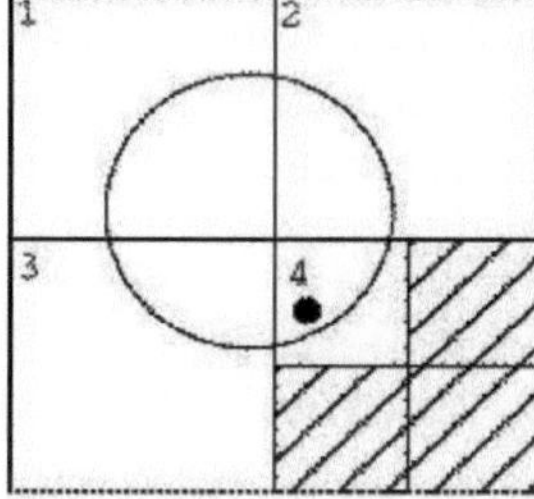

Fig 5.6 - Filtro específico da AOI e do protocolo

A segunda camada simplesmente entrega um socket a um cliente para a camada específica do protocolo correto, e depois essa camada decide se deve ou não subscrever essa entidade. De facto, um protocolo pode ter vários endereços multicast por entidade, cada um transmitindo um tipo específico de dados ou a uma velocidade diferente. É desta forma que um cliente recebe exatamente os dados de que necessita.

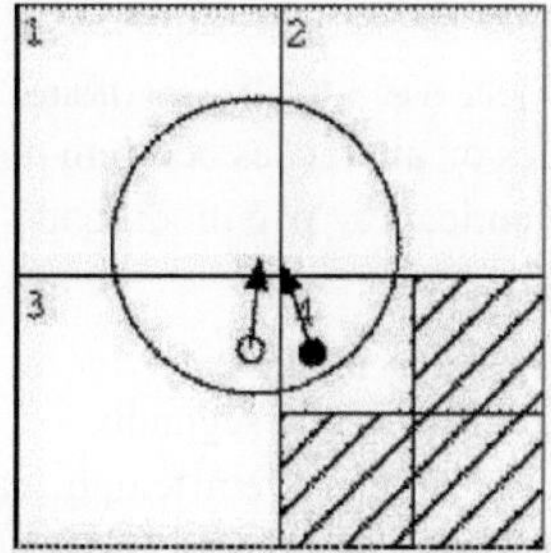

Fig 5.7 - IOA com fidelidade variável

A figura 5.7 continua o exemplo da figura 5.5, mas desta vez o cliente está interessado em qualquer círculo colorido, mas com uma fidelidade crescente à medida que se aproxima do centro da AOI. Um cliente pode também optar por não subscrever quaisquer entidades individuais, mas apenas as regiões encontradas no primeiro nível. Isto pode ser muito útil para os ecrãs de visualização de planos, onde é necessária informação sobre muitas, talvez centenas de milhares de entidades, mas apenas a uma taxa baixa e com baixa fidelidade.

5.2.2 RING: Um sistema cliente-servidor para ambientes virtuais multiutilizadores

Os sistemas que participam no sistema de simulação visual estão ligados através de uma rede. Cada estação de trabalho tem um programa de interface para simular a imersão num ambiente virtual. A imagem é construída de forma a refletir o ponto de vista do utilizador. Cada utilizador é representado como uma entidade, e a ação do utilizador é igual às actualizações da entidade no ambiente virtual.

Manter a coerência entre estas estações de trabalho é uma questão fundamental. O ambiente é de natureza 3D e a renderização requer um acesso rápido à base de dados geométrica, pelo que uma parte partilhada do ambiente é copiada em cada sistema. Quando ocorre uma alteração, esta deve ser aplicada a todas as réplicas da base de dados para manter a consistência. A Figura 5.8 mostra a estação de trabalho com os clientes e o proxy de outros clientes dentro de cada cliente, ligados entre si por um ambiente virtual 3D partilhado.

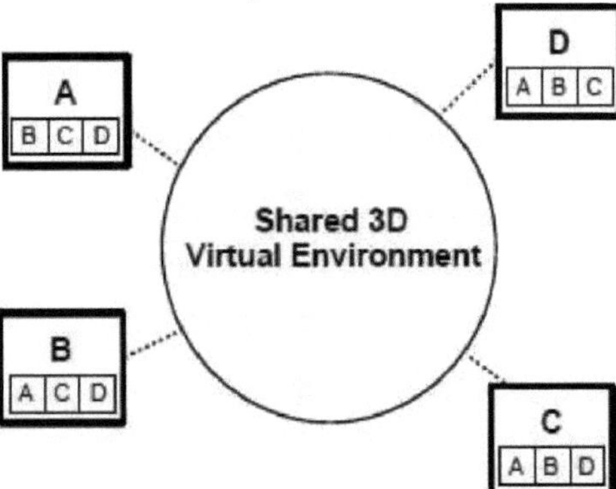

Figura 5.8 Estação de trabalho em rede com A,B,C,D como clientes

O ritmo a que as actualizações ou alterações ocorrem no ambiente é outro desafio. Se existir um número 'p' de entidades, 'p' é modificado à taxa de 'q' por segundo, então

$$p*q=U$$

As actualizações U são geradas a cada segundo.

Estas alterações devem ser enviadas em tempo real, uma vez que qualquer desfasamento temporal tornará o sistema perturbador para os utilizadores. Para o efeito, é necessário utilizar protocolos especiais [21].

A. Problemas de carga e desempenho em mensagens ponto a ponto e de difusão

Existe um problema com o escalonamento do sistema. O VEOS e o MR Toolkit mantêm a consistência enviando uma mensagem de atualização para cada estação de trabalho.

Este elevado número de mensagens limita a escalabilidade. A Figura 5.9 mostra um sistema com ligação ponto a ponto para enviar mensagens. Por exemplo, se houver uma atualização no cliente D, este enviará mensagens para B, A e C individualmente.

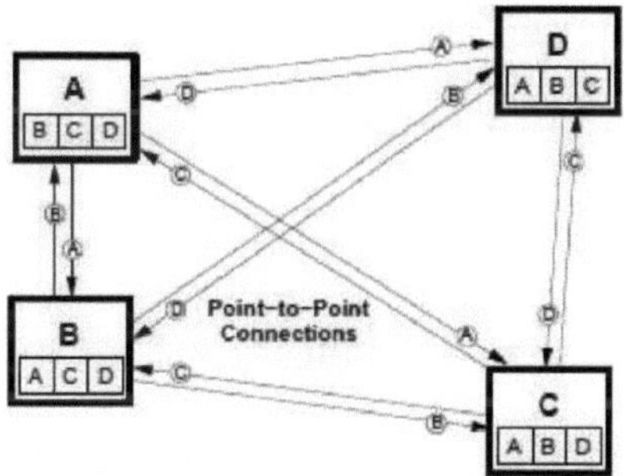

Figura 5.9 O sistema que utiliza ligações ponto a ponto envia O(N^2) mensagens de atualização.

Em contraste com o sistema apresentado na figura 5.9, outros sistemas utilizam o conceito de difusão para enviar actualizações. Como se vê na figura 5.10, todos os clientes enviam a sua mensagem de atualização para a rede de difusão e todos os outros clientes recebem a mensagem. Esta abordagem reduz o número de mensagens, mas cada estação de trabalho tem de processar a mensagem, pelo que também aqui surgem problemas de escalabilidade [24]. Além disso, é utilizada uma quantidade significativa de capacidade de processamento para ler estas mensagens.

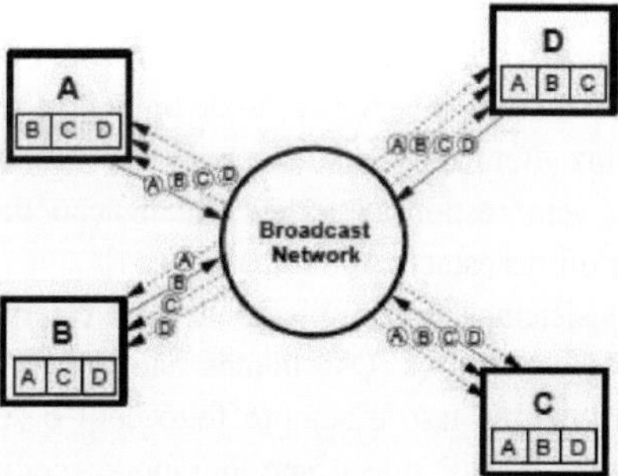

5.10 O sistema que utiliza mensagens de difusão envia O(N) mensagens de atualização

A Figura 5.10 leva em consideração apenas quatro clientes. Para suportar mais de 1000 utilizadores, é necessário que o sistema não envie mensagens de atualização a todos os utilizadores, por cada ação realizada. A abordagem consiste em selecionar as mensagens com base na visibilidade durante grandes simulações.

B. Visão geral do abate baseado na visibilidade

Consiste num sistema designado por anel. O sistema em anel apoiará a interação entre os utilizadores de uma forma optimizada[24]. Sendo um sistema de seleção baseado na visibilidade, envia as alterações apenas aos utilizadores que as podem perceber. A região onde a alteração é visível é designada por região de influência e a atualização é enviada apenas para essa região. A figura 5.11 explica o culling baseado na visibilidade. A visibilidade de cada entidade é mostrada pela região sombreada. Como se pode ver, as alterações em B são visíveis apenas para A, pelo que a atualização deve ser enviada apenas para A e não para C e D.

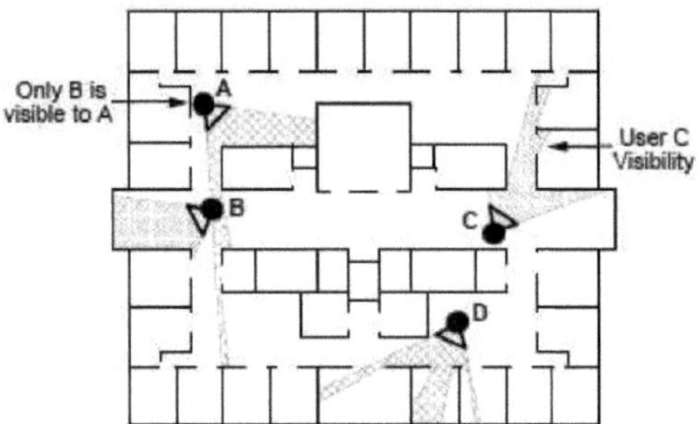

Figura 5.11 Sistema de seleção de mensagens com base na visibilidade entidade-entidade

C. Conceção do sistema de anéis

O sistema de anéis é um ambiente virtual. Este ambiente virtual é constituído por entidades. As entidades podem ser estáticas ou ter um comportamento dinâmico. O comportamento pode ser inculcado de duas formas: de forma autónoma ou através da entrada do utilizador. Num ambiente virtual, as entidades interagem umas com as outras enviando mensagens para anunciar actualizações a outras entidades.

A Figura 5.12 mostra a conceção do sistema em anel. Cada entidade do anel é gerida por uma estação de trabalho. A estação de trabalho é responsável pelas suas próprias entidades e faz alterações e actualizações nas mesmas. Embora a estação de trabalho também seja responsável pela atualização das cópias locais das entidades geridas por outras estações de trabalho. [24]

Um dos principais sistemas num ambiente virtual é o servidor. O servidor trata da comunicação entre os clientes. Os clientes não podem enviar mensagens a outros clientes, uma vez que isso é sempre feito com o servidor entre os dois clientes. O ponto-chave aqui é que o servidor pode modificar ou processar a mensagem antes de a enviar para outro cliente. O servidor pode modificar a mensagem de acordo com as capacidades de processamento dos clientes e pode também criar um subconjunto da mensagem para que apenas as mensagens relevantes sejam transmitidas.

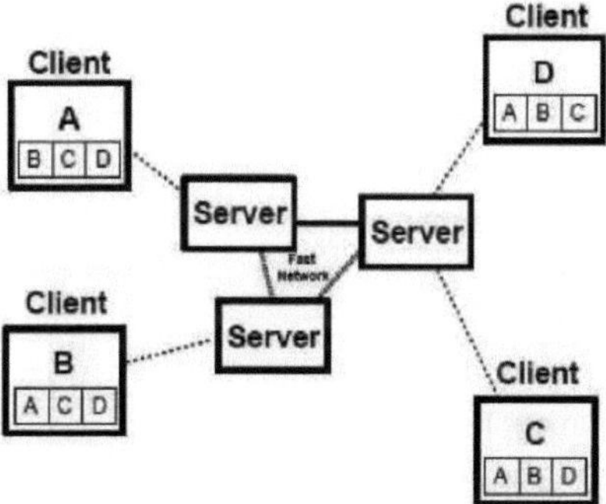

Figura 5.12 Os servidores em anel gerem as mensagens entre clients

Por conseguinte, no anel, os servidores só reencaminham as mensagens que se encontram na região de influência da entidade actualizada. A região de influência de A tem B presente e só B receberá a mensagem de atualização, como mostra a figura 5.13. O conceito utilizado é a informação de visibilidade da linha de visão. O conjunto de entidades visíveis para a entidade é encontrado através do traçado de feixes de linhas de visão.

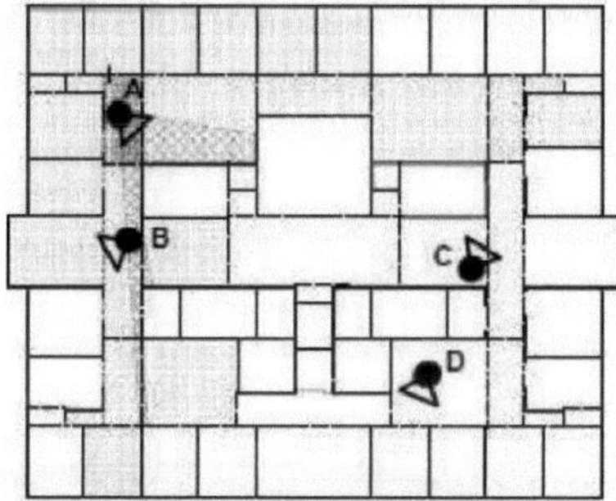

Figure 5.13 Visibilidade célula a célula através de linhas de visão

O sistema em anel permite que os requisitos de armazenamento, processamento e largura de banda da rede das estações de trabalho dos clientes sejam independentes do número de entidades presentes. O servidor gere o ambiente virtual de grandes dimensões sem o envolvimento do cliente. O servidor não armazena dados de visualização, mas mantém a subdivisão espacial e a informação de visibilidade do ambiente virtual [24].

O problema do sistema em anel é que produz latência porque cada mensagem tem de passar por um servidor e possivelmente dois. Além disso, a mensagem é processada antes de ser reencaminhada.

5.2.3 Locais e Beacons: Suporte eficiente e preciso para grandes ambientes virtuais com vários utilizadores

Os locais baseiam-se na ideia de que a informação visualizada por um utilizador num dado momento é de natureza local, independentemente da dimensão do ambiente virtual. Divide o mundo virtual em partes que podem ser geridas de forma independente [22]. No entanto, o utilizador não tem consciência disso. O utilizador obtém uma visão contínua do local. A utilização da localidade consiste em reunir diferentes mundos virtuais num único local, de modo a que o utilizador possa ter acesso a eles no mesmo local e possa deslocar-se sem problemas de um mundo para outro.

Os locais dividem o mundo virtual utilizando três conceitos-chave:

- Canal de comunicação separado
- Sistema de coordenadas local
- Geometria e relações arbitrárias

Estes três conceitos têm as seguintes vantagens:

- Comunicação eficiente: a comunicação específica a cada local permite que um processo veja o que está a acontecer num local, ignorando os outros.
- Seleção eficiente: escolher apenas uma parte do mundo virtual como relevante.
- Posições exactas: um determinado local terá sempre uma melhor precisão de posição para uma determinada área de focagem.

A. SPLINE para modelos de mundos partilhados

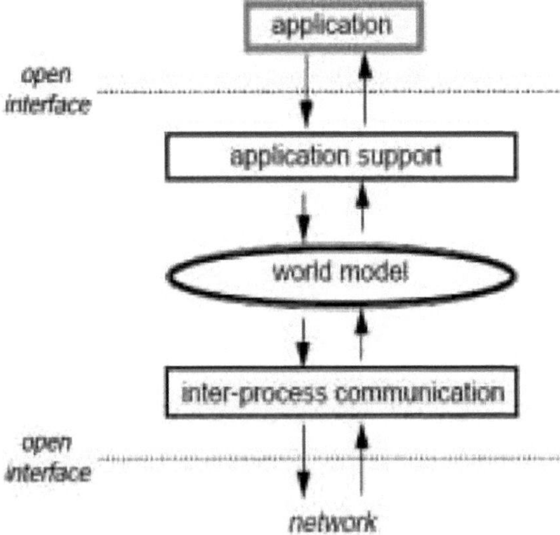

Figure 5.14 Um processo spline

A plataforma Spline fornece uma arquitetura para a execução de ambientes interactivos multiutilizadores baseados em modelos de mundos partilhados. Na figura 5.14, o modelo do mundo contém dados sobre tudo o que existe num mundo virtual - a posição das coisas, a sua aparência, etc. As aplicações comunicam entre si fazendo alterações no modelo do mundo e observando também as alterações feitas por outros. Para uma comunicação rápida entre diferentes aplicações e o modelo do mundo, o spline distribui o modelo do mundo mantendo uma cópia fraccionada em cada processo do spline.

B. Localidades

A localidade é o princípio fundamental do modelo de mundo spline. O modelo do mundo é normalmente dividido em vários locais. Por exemplo, uma casa virtual é dividida em locais como quartos, garagem e armazém. Se for possível ver, ouvir ou deslocar-se de uma localidade LI para uma localidade L2, então L2 passa a ser vizinha de LI. Um objeto de localidade L especifica a sua localidade vizinha, bem como a sua relação com elas.

C. Comunicação endereçável por localidade

Num mundo virtual de grandes dimensões, ocorre um grande número de mudanças em simultâneo. Exemplo - num ambiente virtual constituído por uma cidade, milhares de pessoas podem comunicar. Neste modelo mundial, um grande número de objectos está ativo e as suas posições mudam continuamente. Se um utilizador tentar manter e processar informações sobre todas as alterações, o grande volume de dados sobrecarregará os recursos do utilizador [23].

Este problema é resolvido se se tiver em conta o facto de a maior parte das alterações ocorrerem em partes do mundo virtual que não dizem respeito ao utilizador. O utilizador não pode ver ou ouvir essas partes. Assim, essas partes que não dizem respeito ao utilizador são eliminadas através de um mecanismo de filtragem.

a. Abate

A filtragem de dados com base na localidade não só diminui a quantidade de mensagens recebidas tratadas por um spline, mas também diminui o tamanho do modelo mundial mantido por um processo spline.

b. Combinação de peças concebidas separadamente

Outro problema com que se deparam os criadores de ambientes virtuais de grandes dimensões é o de fundir os trabalhos de muitos designers num todo consistente. Os locais resolvem este problema utilizando um mecanismo que encapsula as peças concebidas por indivíduos de modo a poderem ser facilmente combinadas. Os locais estão relacionados apenas com os seus vizinhos, pelo que um designer tem de tornar consistentes os locais próximos uns dos outros. Não é necessária uma consistência global.

D. Balizas

Os beacons tratam da questão de encontrar informações de objectos cuja localização não é conhecida. Por exemplo, se quisermos encontrar alguém que também possa estar a comunicar com o mundo virtual. Isto pode ser difícil porque a pessoa pode deslocar-se de um local para outro. O Spline resolve este problema utilizando objectos de sinalização.

Tag - Um identificador especificado pelo criador do beacon.

Endereço - O endereço multicast da localidade que contém o sinalizador.

Os campos-chave de um objeto beacon

O beacon tem dois campos principais: tag e um endereço multicast da localidade que contém o beacon. Como grupo, os beacons podem ser vistos como um índice de contexto endereçável de etiquetas para endereços multicast de localidades. Assim, é fácil decidir qual a localidade a visitar com base no conteúdo da localidade [22].

A principal caraterística do beacon é o facto de não só apresentar mensagens sobre si próprio através do endereço multicast do local em que se encontra, como também enviar mensagens sobre si próprio para um processo servidor de beacon. É dada uma função através da qual uma aplicação pode pedir ao spline para obter informações sobre cada beacon com uma determinada etiqueta. O spline executa esta tarefa ligando-se ao endereço multicast do beacon relativo ao tag em questão.

Os designers utilizam balizas para marcar coisas que pretendem que as pessoas possam encontrar. Para que seja conveniente para as pessoas encontrarem outras no mundo virtual, uma baliza é incluída como parte do avatar das pessoas no mundo virtual.

E. Parque de diamantes

É o primeiro mundo virtual de grande escala construído com spline [22]. O parque contém uma paisagem virtual com edifícios e lagos espalhados à volta de um vale central rodeado de colinas. Vários utilizadores podem comunicar no parque em bicicletas de exercício orientáveis controladas por computador. Quando estão próximos uns dos outros, os visitantes podem conversar entre si.

a. Avaliação com base na escalabilidade, zonas e recursos computacionais.

Como o Diamond Park consiste em apenas uma milha quadrada de terreno, o posicionamento e o movimento precisos seriam possíveis mesmo que os locais não fossem utilizados. No entanto, as outras virtudes das localidades são claramente demonstradas pelo Diamond Park. Dividir o parque em locais permite que modelos gráficos complexos sejam usados em muitos lugares diferentes sem sobrecarregar o poder de renderização gráfica disponível, porque dois modelos complexos nunca precisam ser renderizados ao mesmo tempo.

Especificamente, o Diamond Park está dividido em quatro zonas principais:

A paisagem exterior e três interiores de edifícios complexos. Em qualquer momento, o gráfico da cena que está a ser processado nunca contém mais de 35% do modelo total (a paisagem exterior é mais complexa do que o interior de qualquer edifício).

Igualmente importante, os visitantes reunidos numa zona do parque podem interagir sem sobrecarregar os recursos computacionais dos utilizadores noutras zonas do parque, porque um visitante num determinado local não tem de processar qualquer informação sobre visitantes em locais distantes. Se os visitantes estiverem igualmente distribuídos pelas principais zonas, então um visitante individual recebe mensagens de apenas 25% dos outros visitantes.

É importante perceber que os números acima são uma função da complexidade do modelo específico do Diamond Park. Se o modelo contivesse 100 edifícios com interiores altamente complexos, então o gráfico da cena num dado momento conteria apenas cerca de 1% do modelo e um visitante receberia mensagens de apenas 1% dos outros visitantes.

Os locais são utilizados para obter uma série de efeitos interessantes no Diamond Park. Isto inclui edifícios com grandes interiores, como a Casa do Deserto, e o tipo de conetividade não-euclidiana ilustrada pelos obeliscos.

Talvez a virtude mais importante dos locais seja o facto de permitirem a combinação de peças concebidas separadamente. Por exemplo, o interior da Casa do Deserto foi projetado muito depois do resto do Diamond Park. Foi colocado dentro de um edifício existente no parque. No entanto, ao fazê-lo, os projectistas do interior da Casa do Deserto não foram condicionados pelo sistema de coordenadas do parque como um todo, nem pela sua orientação, nem pela escala, nem pelo eixo que estava para cima, nem sequer pela dimensão do edifício existente. Para além disso, não lhes foi exigido que utilizassem a mesma ferramenta de modelação gráfica. A única modificação do modelo pré-existente do Diamond Park que foi necessária foi a adição de portas no edifício que se tornou a Casa do Deserto.

Até à data, o Diamond Park foi a única grande utilização do Spline e dos locais. Esta experiência levou a uma série de melhorias nos locais. Estas incluem a possibilidade de os locais terem outros locais como pais e uma representação muito melhorada do limite de um local. É importante que se efectuem mais experiências e espera-se que estas conduzam a mais melhorias.

Uma área interessante onde poderiam ser feitas melhorias é na forma como os locais suportam a renderização de áudio. Atualmente, um conjunto de transformações controla a relação visual e sonora entre localidades. Talvez fosse melhor incluir uma especificação separada da forma como o som se propaga de um local para os seus vizinhos. Isto permitiria uma melhor apresentação de áudio sem um raciocínio complexo sobre quais os polígonos que constituem portas e paredes.

Outra direção importante da investigação é a criação de ferramentas para apoiar a conceção de locais. Nalgumas situações, por exemplo, ao dividir o modelo de um edifício com muitas divisões em locais, deve ser possível conceber locais de forma completamente automática, utilizando a análise de visibilidade. Noutras situações, é conveniente que o projetista assuma um controlo mais direto. No entanto, mesmo nesse caso, são essenciais ferramentas semi-automatizadas para visualizar e modificar os locais.

5.3 Tecnologias de rede de Internet que implementam ambientes virtuais de grande escala

Existem várias tecnologias e ambientes disponíveis para a manutenção e a implantação de mundos virtuais.

Os sistemas analisados nas secções anteriores estão todos fortemente acoplados e exploram as propriedades específicas do domínio. Há um grande número de normas que são utilizadas em ambientes virtuais, a maioria das quais são normas desenvolvidas para a Internet. O multicasting é uma das questões importantes, pois é o principal meio de comunicação utilizado nestes ambientes. A secção 5.3.1 descreve uma arquitetura geral desenvolvida com Java que pode ser modificada de acordo com o domínio de aplicação para várias utilizações. Os requisitos de infraestrutura são abordados na secção 5.3.2 e as questões de multicasting são abordadas na secção 5.3.3.

5.3.1 JADE: Ambiente Dinâmico Adaptativo de Java

O ambiente virtual tem um software complexo e rígido destinado a realizar uma tarefa específica.

Este facto limita a conceção e as implementações globais e impõe também um efeito adverso no desempenho do sistema. A heterogeneidade da rede aumenta o problema em ambientes virtuais de grande escala. Existem muitas arquitecturas para lidar com os problemas dos ambientes virtuais de grande escala.

Todas as arquitecturas disponíveis, como a SPLINE [22] e a RING [24], tiram partido dos atributos específicos do domínio do problema e centram-se numa aplicação específica.

Isto limita a reutilização do software quando a arquitetura está fortemente acoplada. Embora tenha sido feito algum trabalho para tornar o software mais diversificado, este continua a generalizar apenas uma parte específica do ambiente virtual. O DIVE e o MASSIVE visam a colaboração dos grupos de uma forma generalizada. Por outro lado, o NPSNET está direcionado para a simulação em grande escala com milhares de participantes. Além disso, os requisitos de sistema para estes sistemas são muito elevados e tornam estas arquitecturas bastante dispendiosas.

Idealmente, deveria ser possível personalizar as componentes NPSNET e DIVE e combiná-las para formar uma arquitetura generalizada, mas a conceção é tão divergente que se torna muito complexa e, por vezes, sem soluções[25]. A força do JADE reside no seu núcleo de aplicação mínimo. Como já foi referido, segue as premissas do VRTP e os princípios da orientação por objectos. O JADE não resolve os problemas que surgem no desenvolvimento de um ambiente virtual em grande escala, mas aumenta a portabilidade do sistema e aumenta as hipóteses de substituição dinâmica de partes do sistema em tempo de execução.

A. VRTP

A linguagem utilizada para representar gráficos 3D na Web em ambiente virtual é a VRML, abreviatura de Virtual Reality Modeling Language. Devido à revolução criada pela XML na WWW, a VRML está a ser alterada para ser mais compatível com a XML.

a. Infra-estruturas

O VRTP fornece a infraestrutura para ambientes virtuais de grande escala.

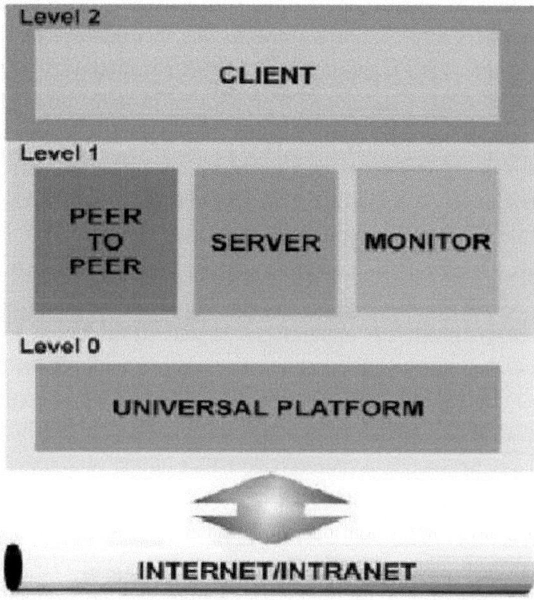

Figura 5.15 Visão geral do quadro VRTP.

A explicação pormenorizada da figura 5.15 é a seguinte:

Cada componente tem uma função bem definida:

1. Plataforma universal. Esta é a componente de base do quadro VRTP. Consiste num kernel flexível com caraterísticas dinâmicas extensíveis que permitem que o sistema evolua em tempo de execução. Este componente também fornece serviços de rede de baixo nível em conjunto com um serviço de diretório mínimo.

2. Monitor. Este componente monitoriza o estado da rede, fornecendo o feedback necessário à aplicação para que esta se possa adaptar conforme necessário, tendo em conta as expectativas do utilizador. Nas actuais aplicações multimédia em rede, como as videoconferências, a tendência é incluir o utilizador no quadro da qualidade do serviço (QoS). Ao utilizador é atribuída a responsabilidade de decidir os compromissos entre a qualidade da rede e o respetivo custo (em termos de recursos e de preço).

3. Servidor. O componente servidor é responsável pela gestão dos objectos pesados, recuperando-os da rede quando necessário. Estes objectos correspondem a uma quantidade significativa de dados, exigindo uma comunicação fiável orientada para a ligação para a sua transmissão.

4. Ponto a ponto. Este componente trata de objectos leves, correspondentes a dados de estado, de controlo e de eventos compostos por pequenas mensagens.

A QoS associada à transmissão varia de acordo com os requisitos da semântica dos dados. Por exemplo, os dados de controlo requerem uma fiabilidade total de entrega, enquanto a disseminação do estado absoluto não tem o mesmo requisito. No entanto, é importante avaliar o impacto dos mecanismos de fiabilidade na latência do sistema. Este componente é também responsável pela gestão dos grupos, que é necessária para aliviar a procura de recursos de rede em troca de recursos computacionais sem comprometer a experiência global do utilizador final. Os efeitos do agrupamento de entidades de acordo com os seus interesses temporais, funcionais e espaciais têm demonstrado resultados positivos e tornaram-se uma caraterística comum dos sistemas VE existentes.

5. Cliente. Os primeiros componentes representam o sistema subjacente, enquanto o componente cliente encapsula a aplicação com todas as particularidades da solução. A implementação pode ir desde um simples plug-in para um browser até um LSVE completo e complexo para efeitos de simulação. Ao analisar as topologias actuais dos sistemas existentes, somos confrontados com uma confusão caótica em que o domínio de um caso de melhores práticas é inexistente, o que prova que o domínio do LSVE ainda está a amadurecer. Esta situação condena ao fracasso qualquer tentativa de normalização da infraestrutura devido à proliferação significativa de soluções. Por conseguinte, o VRTP é independente da arquitetura da infraestrutura, suportando diversas configurações, desde cliente-servidor a ponto-a-ponto; no entanto, a arquitetura surge assim que os componentes são ligados entre si. Isto significa que são fornecidas as capacidades essenciais para a ligação em rede, delegando no programador do sistema a responsabilidade pela forma como os serviços são utilizados e interligados, definindo assim a topologia necessária, conforme necessário.

b. nível de flexibilidade

Tal como ilustrado na Figura 5.15, a funcionalidade dos componentes é agregada em três níveis distintos de flexibilidade, permitindo diferentes opções ao criador do LSVE. A flexibilidade é reduzida à medida que o nível aumenta e os componentes assumem papéis e funcionalidades específicos.

O nível 0 corresponde ao UP. Este nível básico fornece a infraestrutura mínima para um sistema, sem comprometer a flexibilidade. No entanto, o programador do VE tem de desenvolver os componentes necessários do sistema juntamente com a aplicação cliente.

O nível 1 fornece uma perspetiva de conjunto de ferramentas com os componentes ponto-a-ponto, servidor e monitor. O programador da VE pode adotar os componentes necessários e implementar os restantes componentes necessários para a aplicação. A produtividade aumenta, reduzindo a probabilidade de erros de implementação; no entanto, a flexibilidade também é reduzida.

O nível 2 é o nível mais elevado, em que a flexibilidade é limitada em troca de uma aplicação cliente que requer um mínimo de personalização. Este nível tem dois públicos-alvo:

• *Os utilizadores* podem adotar um LSVE totalmente funcional tal como é fornecido na implementação de referência;

• *Os programadores de VE* podem alargar, adaptar ou personalizar os elementos do componente cliente. Este facto facilita a portabilidade dos sistemas VE existentes para o quadro VRTP, pelo que poderá ser possível desenvolver apenas "wrappers".

Assim, o sistema pode tirar partido dos componentes dos outros níveis sem comprometer a sua arquitetura ou implementação.

8. Módulos-Gestão dinâmica do código

O módulo do JADE permite a gestão dinâmica do código de um sistema de ambientes virtuais de grande escala. Para além da interface mínima, o módulo beneficia de persistência, uma vez que a classe de base também implementa a interface java.io.Serializable. No caso de a persistência predefinida fornecida por Java não ser suficiente, é necessário substituir os métodos apropriados.

Os módulos podem ser facilmente modificados de forma dinâmica durante o tempo de execução. Um módulo pode estar em 4 estados:

- carregado
- destruído
- desativado
- ativado

A combinação destes estados e respectivas transições, resulta no diagrama de estados da Figura 5.16, que corresponde ao ciclo de vida do Módulo.

Os estados *Loaded (carregado)* e *Destroyed (destruído)* são de natureza meramente transitória; o primeiro corresponde a quando o módulo está residente em memória depois de ter sido dinamicamente ligado ao kernel, enquanto o segundo corresponde a quando o módulo é descarregado da memória e todos os recursos são libertados para serem recolhidos pelo lixo.

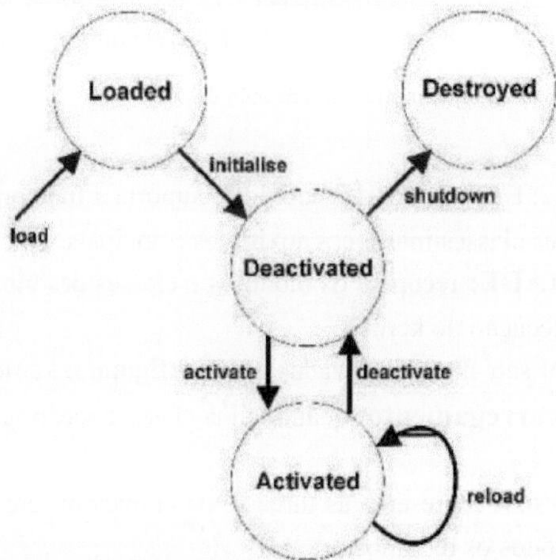

Figura 5.16 diagrama do ciclo de vida do módulo

Com o objetivo de ter Módulos concorrentes, existe uma variante para todos os Módulos, denominada Runnable. Isto implica que o módulo é auto-contido dentro da sua própria thread de processamento [25].

Para evitar a proliferação de threads para os Módulos existentes, devido ao custo de recursos de cada instância, o JADE disponibiliza um Gestor de Módulos especializado, baseado no padrão Reator.

A relação entre os diferentes tipos de Módulos é representada na Figura 5.17, onde JADE representa o kernel. A diferença na tonalidade das formas simboliza o facto de um módulo ser ou não executável [25].

A comunicação intra-módulo é um processo de duas fases, em que o módulo requerente encontra o módulo de destino, solicitando-o ao ModuleManager responsável.

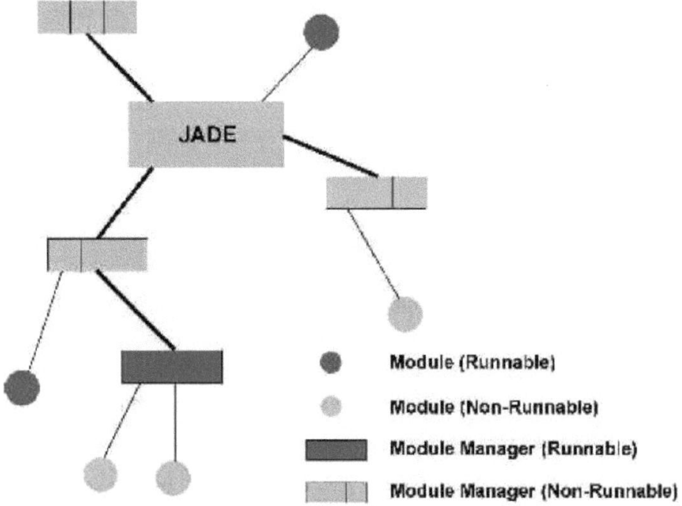

Figure 5.17: **Relação entre os diferentes tipos de módulos**

- **JADE kernel** :: É um gestor de módulos e suporta a funcionalidade desejada com as seguintes classes/interfaces auxiliares principais.
- **Carregador JADE:** recupera os módulos e classes das bibliotecas e liga-os ao tempo de execução do kernel.
- **Configuração:** são classes utilizadas para configurar o kernel.
- **Política de recarregamento:** quando uma classe é recarregada, esta classe é utilizada.
- **Pool de recursos:** representa as threads, os comandos, etc., a fim de serem utilizados por todos os módulos.

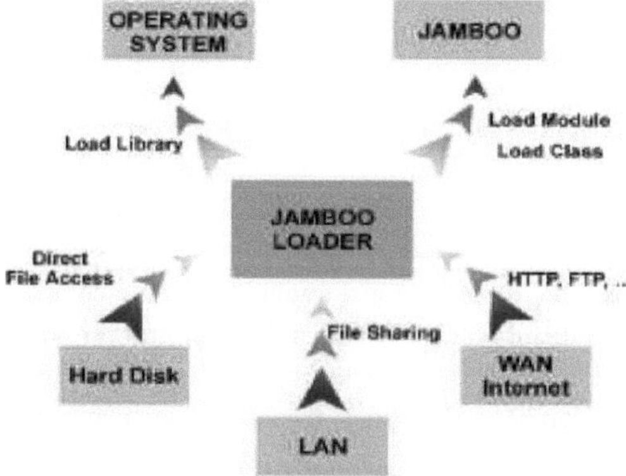

Figura 5.18 Carregador JAMBOO

Figure 5.18 mostra como o carregador JAMBOO relaciona os pedidos de acesso aos ficheiros e, em seguida, carrega-os e envia-os para o SO e para o JAMBOO.

5.3.2Requisitos da infraestrutura de rede para ambientes virtuais

O ambiente virtual é um ambiente em que a simulação do mundo real é feita numa máquina e o ser humano interage com ela. Os grandes ambientes virtuais ligam centenas de pessoas, com gráficos 3D. A diversidade do ambiente virtual é ilimitada, uma vez que tudo pode ser ligado a tudo, pelo que os requisitos de rede se tornam um estrangulamento. Os gráficos 3D são os componentes mais importantes de qualquer ambiente virtual e a ligação em rede permite ligar estes ambientes virtuais de forma eficiente.

Os seguintes serviços são essenciais para a comunicação entre ambientes virtuais.

- Comunicação fiável ponto a ponto
- Protocolo de interação, como a norma IEEE
- Simulação interactiva distribuída (DIS)
- comunicação multicast

5.3.2.1 Infra-estruturas e tecnologias existentes da Internet utilizadas para ambientes virtuais

A. Modelos em camadas.

A integração de redes com ambientes virtuais de grande escala ocorre através da invocação de funções de rede subjacentes a partir das aplicações. A figura 5.19 mostra como as sete camadas do bem conhecido modelo de rede padrão Open Systems Interconnection (OSI) correspondem geralmente às camadas efectivas da norma Internet Protocol (IP). Caraterística funcional. Em geral, as operações de rede consomem proporcionalmente mais ciclos de processador nas camadas superiores. A minimização desta carga computacional é importante para minimizar a latência e manter a capacidade de resposta do mundo virtual.

Os métodos escolhidos para a transferência de informação devem utilizar o protocolo de controlo de transporte (TCP), orientado para a ligação fiável, ou o protocolo de datagrama do utilizador (UDP), sem ligação e com entrega não garantida [26]. Cada um destes protocolos complementares faz parte da camada de transporte. Um dos dois protocolos é utilizado em função da criticidade, da oportunidade e do custo de impor uma entrega fiável ao fluxo específico que está a ser distribuído. A compreensão das caraterísticas exactas do TCP, do UDP e de outros protocolos ajuda o conceptor do mundo virtual a compreender os pontos fortes e fracos de cada ferramenta de rede utilizada. Uma vez que as considerações relativas ao funcionamento da Internet afectam todos os componentes de um ambiente virtual de grandes dimensões, recomenda-se vivamente aos conceptores de mundos virtuais um estudo adicional dos protocolos e aplicações de rede.

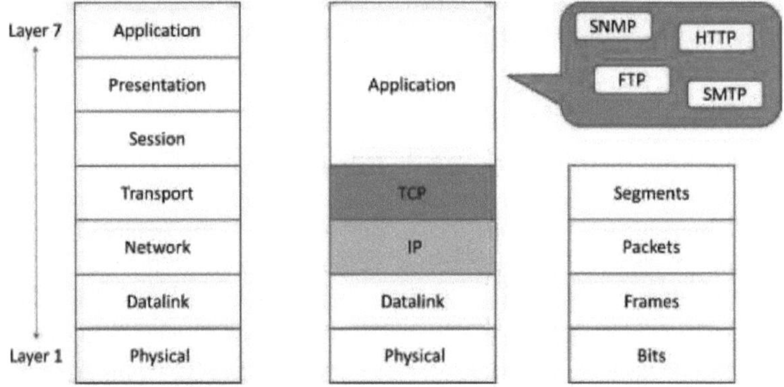

Figura 5.19 Correspondência entre os modelos de camadas de protocolo OSI e IP e os objectos transmitidos entre camadas de anfitrião

B. Protocolo Internet (IP).

Embora a variedade de protocolos associados ao trabalho na Internet seja muito diversa, existem alguns conceitos unificadores. O mais importante é o "IP em tudo" ou o princípio de que todos os protocolos coexistem de forma compatível no conjunto de protocolos da Internet. O alcance global e a dinâmica colectiva dos protocolos relacionados com o IP tornam a sua utilização essencial e tornam as excepções incompatíveis relativamente desinteressantes. Os protocolos IP e IP Next Generation (IPng) incluem uma variedade de meios físicos eléctricos, de radiofrequência e ópticos. A análise das camadas dos protocolos ajuda a clarificar as questões actuais das redes [26] . As camadas mais baixas são razoavelmente estáveis, com uma enorme base instalada de sistemas Ethernet e FDDI, aumentada pelo rápido desenvolvimento de soluções RDIS sem fios e de banda larga (como o ATM). Assume-se a compatibilidade com o conjunto de protocolos Internet (IP). As camadas intermédias relacionadas com o transporte são uma área de investigação e desenvolvimento muito ativa. A adição de fiabilidade em tempo real, a qualidade do serviço e outras capacidades podem ser postas a funcionar. As considerações relativas ao transporte na camada intermédia estão a ser resolvidas por uma variedade de protocolos de trabalho e pela concorrência das forças intelectuais do mercado. Na perspetiva do ano 2000, os problemas das camadas inferior e média estão essencialmente resolvidos.

- **Camada de processo/aplicação.** As aplicações invocam serviços TCP/IP, enviando e recebendo mensagens ou fluxos com outros anfitriões. A entrega pode ser intermitente ou contínua.
- **Camada de transporte.** Fornece comunicação por pacotes anfitrião-hospedeiro entre aplicações, utilizando TCP orientado para a ligação de entrega fiável ou UDP sem ligação de entrega não fiável. Troca pacotes de ponta a ponta com outros hosts.
- **Camada Internet/Rede.** Encapsula pacotes com um datagrama IP que contém informações de encaminhamento, recebe ou ignora datagramas de entrada, conforme adequado, de outros anfitriões. Verifica a validade do datagrama, trata as mensagens de erro e de controlo da rede.
- **Ligação de dados/camada física.** Inclui sinalização de meios físicos e funções de hardware de nível mais baixo, troca quadros de dados específicos da rede com outros dispositivos. Inclui a capacidade de selecionar pacotes multicast por número de porta ao nível do hardware.

C. Simulação Interactiva Distribuída (DIS).

O protocolo DIS é uma norma IEEE para a comunicação lógica entre entidades em simulações distribuídas [21]. Embora o desenvolvimento inicial tenha sido motivado pelas necessidades dos utilizadores militares, o protocolo especifica formalmente a comunicação de interações físicas por qualquer tipo de entidade física e é adaptável a uma utilização geral. As informações são trocadas através de unidades de dados de protocolo (PDU) que são definidas para um grande número de tipos de interação. O principal tipo de PDU é a PDU de estado da entidade. Esta PDU encapsula a posição e a postura de uma determinada entidade num determinado momento, juntamente com as velocidades e acelerações lineares e angulares. Os componentes especiais de uma entidade (como a orientação de partes móveis) podem também ser incluídos na PDU como parâmetros articulados.

Um conjunto completo de caraterísticas de identificação especifica de forma única a entidade de origem. Uma variedade de algoritmos de cálculo morto permite uma projeção computacionalmente eficiente da postura da entidade por hospedeiros ouvintes. São definidos dezenas de tipos adicionais de PDU para gestão de simulações, interação com sensores ou armas, sinais, comunicações por rádio, deteção de colisões e apoio logístico. De particular interesse para os projectistas de mundos virtuais é uma PDU de mensagem de formato aberto. As PDU de mensagens permitem extensões definidas pelo utilizador para a norma DIS [26]. Esta flexibilidade, associada à eficiência da distribuição multicast em toda a Internet, permite alargar o paradigma de transmissão de mensagens orientado para objectos a um sistema distribuído de escala essencialmente ilimitada. É razoável esperar que as PDU de mensagens DIS de formato livre possam também fornecer conetividade distribuída remota semelhante à das tuplas para qualquer sítio de informação na Internet, alargada ainda mais pela utilização de mecanismos de apontadores de rede que já existem para a World-Wide Web. Esta é uma área promissora para trabalhos futuros.

D. World-Wide Web.

O projeto World-Wide Web (WWW ou Web) foi definido como uma "iniciativa de recuperação de informação hipermédia de área alargada destinada a dar acesso universal a um grande universo de documentos". Fundamentalmente, a Web combina um espaço de nomes que consiste em qualquer armazenamento de informação disponível na Internet com um vasto conjunto de clientes e servidores de recuperação, que podem ser ligados por ligações hipermédia HyperText Markup Language (.html) facilmente definidas. Esta combinação globalmente acessível de meios de comunicação, programas clientes, servidores e hiperligações pode ser convenientemente utilizada por seres humanos ou entidades autónomas[26]. A Web alterou fundamentalmente a natureza do armazenamento, acesso e recuperação da informação. As actuais capacidades da Web são facilmente utilizadas, apesar do seu rápido crescimento e mudança. As direcções para a investigação futura relacionada com a Web são discutidas em. No entanto, apesar da enorme variedade e originalidade, as actuais interações baseadas na Web são essencialmente cliente-servidor: um utilizador pode pressionar um recurso da Web e obter uma resposta, mas não existem mecanismos normalizados para que uma aplicação Web possa responder de forma independente ao utilizador.

E. Multicast

O multicast estava presente em LANs como a Ethernet e a FDDI, mas com a ajuda do IP a comunicação pode ser estabelecida na Internet. Os fluxos multicast são datagramas UDP sem ligação, que podem ser vídeo, gráficos, áudio e DIS [21]. Os controlos de encaminhamento são necessários para evitar loops topológicos em que o pacote salta de uma estação de trabalho para outra sem qualquer restrição. As entregas em tempo real são esquemas fornecidos pelo protocolo de transporte em tempo real que não está relacionado com o TCP ou o UDP no seu funcionamento.

53.2.2 Infraestrutura de software Necessidades de melhor funcionalidade

Os "grandes desafios" da computação atual não são grandes simulações de grelhas estáticas, como a dinâmica de fluidos computacional ou a modelização de elementos finitos. Do mesmo modo, os supercomputadores tradicionais não são as plataformas mais potentes ou significativas. Acrescentar hardware e dólares para melhorar gradualmente as dispendiosas concepções de computadores existentes é um exercício bem compreendido. O que é mais difícil e potencialmente mais compensador é a interconexão de todos os computadores de forma a apoiar a interação global de pessoas e processos.

A este respeito, a Internet é o derradeiro supercomputador, a Web é a derradeira base de dados e qualquer equipamento ligado em rede no mundo é um potencial dispositivo de entrada/saída [26]. Os ambientes virtuais em grande escala tentam ligar simultaneamente muitos destes recursos informáticos, a fim de recriar a funcionalidade do mundo real de forma significativa. O software de rede é a chave para a resolução dos grandes desafios da VE.

53.2.3 Quatro métodos de comunicação fundamentais

- Interações ligeiras. Mensagens compostas por informações sobre o estado, eventos e controlo, tal como utilizadas nas PDU do estado da entidade DIS. Implementadas com recurso a multicast. A semântica completa da mensagem é incluída num único pacote de encapsulamento sem fragmentação. As interações ligeiras são recebidas na íntegra ou não são recebidas de todo.

- **Apontadores de rede:** Referências leves a recursos de rede, multicast para grupos receptores. Podem ser armazenados em cache para que as consultas repetidas sejam respondidas por membros do grupo em vez de servidores. Os ponteiros não contêm um objeto completo como as interações ligeiras, contendo apenas uma referência a um objeto.
- **Objectos de grande peso:** Grandes objectos de dados que requerem uma transmissão fiável orientada para a ligação. Normalmente fornecidos como uma resposta de consulta WWW a um pedido de ponteiro de rede.
- **Fluxos em tempo real:** Vídeo em direto, áudio, DIS, imagens gráficas 3D ou outro tráfego de fluxo contínuo que requer entrega, sequenciação e sincronização em tempo real. Implementado usando canais multicast.

53.2.4 Linguagem de modelação da realidade virtual (VRML).

A Web está a ser alargada a três dimensões espaciais graças à VRML, uma especificação baseada na linguagem de descrição de *cenas Openinventorscene* da Silicon Graphics Inc. (SGI). Os principais contributos da norma VRML 1.0 são um conjunto central de construções gráficas orientadas para objectos, complementadas por ligações hipermédia, todas elas adequadas à geração de cenas por navegadores em PCs, Macintoshes e estações de trabalho Unix. O atual modelo de interação para os navegadores VRML é cliente-servidor, semelhante à maioria dos outros navegadores Web. O desenvolvimento das especificações tem sido eficazmente coordenado por uma lista de correio eletrónico, permitindo o consenso de um grande número de membros, activos e abertos. O debate sobre a incorporação de comportamentos de interação, coordenação e entidade no VRML 2.0 tem sido muito ativo.

Está em causa um grande número de questões. Para escalar para tamanhos arbitrariamente grandes, serão necessárias interações ponto-a-ponto, para além da consulta-resposta do cliente-servidor. Embora os comportamentos ainda não estejam formalmente especificados, a seguinte visão possível dos comportamentos estende a sintaxe da funcionalidade do "motor" existente no Openinventor. A Figura 5.20 mostra a especificação da funcionalidade noopeninventor.

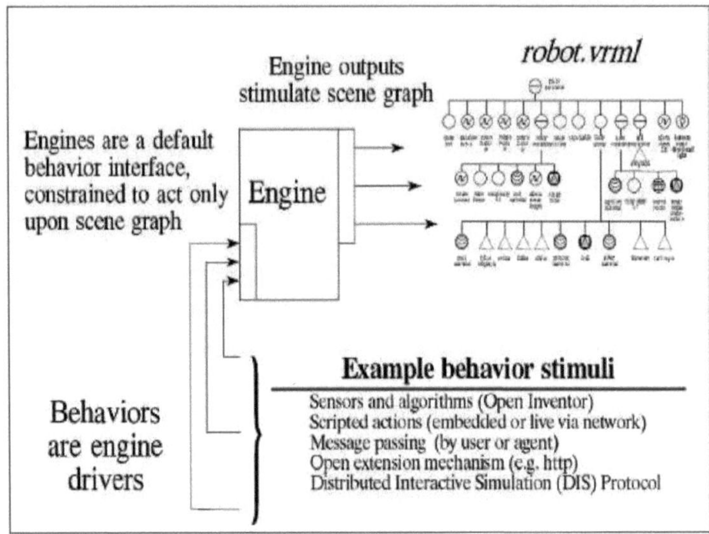

Figura 5.20 Funcionalidade do motor no openinventor

Seguem-se dois pontos-chave na representação da figura 5.20. Primeiro, as saídas do motor apenas operam no grafo de cena virtual, pelo que os comportamentos não têm qualquer controlo explícito sobre a máquina anfitriã. Em segundo lugar, os comportamentos são controladores do motor, enquanto os motores são interfaces do grafo de cena. Isto significa que uma grande variedade de mecanismos de comportamento pode estimular as entradas do motor, incluindo *Openinventorsensores* e calculadoras, acções de script, passagem de mensagens, parâmetros de linha de comando ou DIS. Assim, parece que os futuros comportamentos VRML poderão simultaneamente proporcionar simplicidade, segurança, escalabilidade, generalidade e extensões abertas. A terminologia mudará à medida que se for chegando a um consenso, mas parece que a maioria ou todos os mecanismos de comportamento propostos podem partilhar de forma compatível este nível comum de funcionalidade.

Finalmente, à medida que os exigentes requisitos de largura de banda e latência dos ambientes virtuais começarem a ser exercidos pelo VRML, os pressupostos de conceção cliente-servidor do Protocolo de Transferência de Hipertexto (http) deixarão de ser válidos. Os utilizadores não ficarão satisfeitos com mecanismos de rede que não consigam acomodar fluxos de informação de elevada largura de banda ou que se avariem após algumas centenas de jogadores. Será necessário um protocolo de transferência da realidade virtual (vrtp) para tirar partido da funcionalidade da camada de transporte disponível e ultrapassar os estrangulamentos do http. A experimentação e a avaliação quantitativa serão essenciais para compreender melhor o modo de lidar na prática com os novos requisitos dinâmicos de diversas comunicações em ambientes virtuais inter-entidades.

53.2.5 Interoperabilidade vertical

Uma tendência notável nas ferramentas de software do domínio público e comercial para DIS, MBone e Web é que podem funcionar sem problemas numa variedade de arquitecturas de software. O lado do hardware da interoperabilidade vertical para ambientes virtuais é simples: acesso a IP/Intemet e capacidade de renderizar gráficos 3D em tempo real. No que diz respeito ao software, é possível encontrar conteúdos de informação e mesmo aplicações que funcionam de forma equivalente em PC, Macintosh e numa grande variedade de arquitecturas Unix. Um objetivo importante para qualquer ambiente virtual é que os utilizadores humanos, as entidades artificiais, os fluxos de informação e as fontes de conteúdo possam interoperar numa gama que inclua desde as máquinas com melhor desempenho até às máquinas com o menor denominador comum.

53.2.6 Aplicações

São as aplicações concretas que impulsionam o progresso, não as teorias nem a propaganda. Nesta secção, apresentamos aplicações viáveis que são possibilidades interessantes ou trabalhos em curso. Muitos novos projectos são possíveis e poderão ocorrer num futuro próximo se os requisitos do ambiente virtual forem adequadamente apoiados na infraestrutura da informação. Seguem-se vários cenários conjecturais.

- Desporto: estádio 3D em direto com jogadores instrumentados
- Ciência: mundos virtuais como laboratórios experimentais para robôs e pessoas
- Militar: Problema de 100.000 jogadores
- Interação: Múltiplas CAVEs usando ATM e VRML.

533 Explorando a realidade com grupos multicast

Os mundos virtuais multiutilizadores em rede têm suscitado grande interesse na comunidade gráfica. As comunicações de grande largura de banda, o sucesso das aplicações da World Wide Web, como o browser Mosaic do National Center for Supercomputing Application, e o financiamento governamental da Distributed Interactive Simulation (DIS) alimentaram o desejo de expandir os mundos virtuais em rede para além das redes locais. No entanto, a Internet tem-se revelado um ambiente difícil para aplicações em tempo real, como mundos virtuais interactivos e multimédia. A arquitetura que descrevemos divide logicamente os ambientes virtuais associando classes espaciais, temporais e funcionais a grupos multicast de rede. Exploramos as caraterísticas reais dos ambientes de grande escala do mundo real que estão a ser simulados, concentrando ou restringindo o processamento de uma entidade e os recursos de rede à sua área de interesse através de um gestor local de área de interesse (AOIM). Por exemplo, um soldado de infantaria simulado num ambiente virtual não precisa de saber o estado de um camião simulado a 20 quilómetros virtuais de distância.

5.3.3.1 Problemas de escalabilidade com a norma DIS

As dificuldades associadas à norma IEEE DIS para ambientes virtuais são as seguintes [21] :

1. Necessita de um BW e de uma potência computacional elevados para a simulação em grande escala
2. A multiplexagem de diferentes meios, como áudio, vídeo, pacotes, etc., é feita na camada de aplicação e não na camada de rede ou de transporte, o que a torna dispendiosa
3. Não existe uma especificação adequada para o tratamento de objectos estáticos que possam sofrer alterações em resultado de uma ação da entidade dinâmica
4. Existe uma cópia dos modelos e da base de dados mundial em cada posto de trabalho, uma vez que não existe qualquer mecanismo de distribuição de dados em vários locais, o que é uma opção muito pouco viável.

5.3.3.1 Explorar a realidade

Com o aumento do número de entidades no ambiente virtual de grande porte em magnitude maior que o de to, simplesmente não podemos reutilizar os conceitos e a experiência com SMINET e DIS. Com o ambiente virtual de grande porte, outros problemas ocorrem, como consistências de dados e sincronização de processos [21]. Para isso, pode-se agrupar as entidades em várias categorias, como , e associar classes a redes multicast

a. Classes espaciais

Todas as entidades num ambiente virtual têm uma área de interesse típica que pode ser medida em distâncias, e todas as outras áreas não têm interesse para o utilizador nesse ponto. As entidades que têm um AOL comum são membros da classe espacial no ambiente virtual.

b. Classes funcionais

As entidades que residem na mesma classe funcional podem comunicar entre si. São classificadas em conjunto com base na mesma funcionalidade.

c. Classes temporais

Algumas entidades não necessitam de actualizações em tempo real, enquanto outras necessitam mais do que isso. A taxa a que as entidades necessitam de actualizações afecta diretamente a resolução. As entidades com uma taxa de atualização semelhante são classificadas numa determinada classe. A figura 5.21 mostra o diagrama de Venn de todas as classes e respectivos grupos, em que cada entidade pertence a uma ou mais classes.

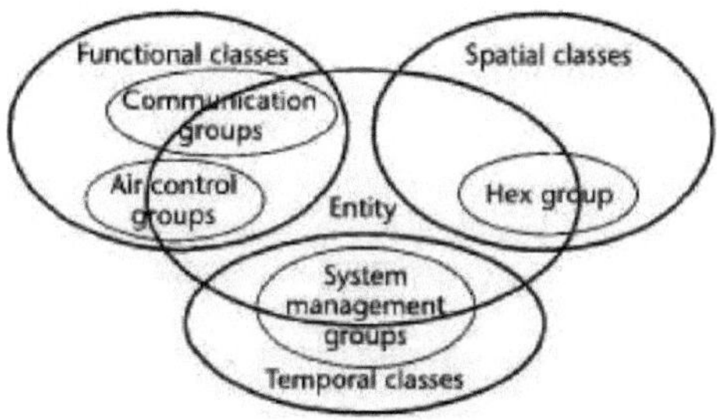

Figura 5.21 Disposição das classes

53.3.3 Modelo de comunicação

Concluímos que um ambiente virtual de grandes dimensões e em tempo real não pode garantir uma forte consistência dos dados e uma comunicação fiável entre todos os seus participantes em simultâneo. Em vez disso, podem ser estabelecidos quatro tipos de comunicação que, utilizados em conjunto, permitem uma consistência mais forte do que a simples difusão de mensagens de estado. Proporcionam um mundo muito mais rico através de um mecanismo que permite enviar grandes objectos de forma fiável e apoiar o particionamento de VE [21]-.

a. Interações ligeiras

Estas mensagens são compostas pelas mesmas PDU de estado, evento e controlo utilizadas no paradigma DIS, mas implementadas com multicast. São leves porque a semântica completa da mensagem é encapsulada na unidade máxima de transferência (MTU) da ligação de dados subjacente para permitir uma utilização interactiva assíncrona em tempo real. Por conseguinte, estas PDU não são segmentadas. São recebidas completamente ou não são recebidas de todo, porque são comunicadas através de redes sem ligação e não fiáveis (dados não reconhecidos). Os valores MTU são 1.500 bytes para Ethernet e 296 bytes para ligações PPP (Point-to-Point Protocol) de 9.600 bps.

b. Ponteiros de rede

Propomos referências leves a recursos, semelhantes aos Identificadores Uniformes de Recursos (URI) definidos no Protocolo de Transferência de Hipertexto (HTTP). Os ponteiros são multicast para o grupo, e os membros armazenam-nos em cache. Assim, as consultas comuns não precisam de estar presentes e o servidor pode direcionar as respostas para outros membros do grupo. Fazemos a distinção entre ponteiros e interações ligeiras (por exemplo, uma PDU de pedido de união) porque os ponteiros não contêm completamente um objeto, mas sim a sua referência. Os ponteiros constituem um mecanismo poderoso para referenciar não só o estado agregado atual do grupo, mas também o terreno, a geometria do modelo e os comportamentos das entidades definidos por uma linguagem de script. Os ponteiros de rede na World-Wide Web revolucionaram a comunicação na Internet.

c. Objectos pesados

Estes objectos requerem uma comunicação fiável e orientada para a ligação. Por exemplo, uma entidade pode necessitar de geometria de modelo depois de se juntar a um grupo que não está na sua base de dados. A entidade envia um pedido de geometria por multicasts e recebe em resposta um ponteiro multicast para a fonte. Estabelece então uma ligação de rede fiável através da qual recebe o objeto pesado da geometria do modelo. À medida que esforços como a Linguagem de Modelação da Realidade Virtual (VRML) ganham aceitação, os sistemas heterogéneos podem ser capazes de trocar este tipo de informação.

d. Fluxos em tempo real

O tráfego de vídeo e áudio fornece fluxos contínuos de dados que exigem entrega, sequenciação e sincronização em tempo real. Além disso, estes fluxos contínuos serão de longa duração, persistindo de alguns segundos a dias. São multicast num determinado canal para uma classe funcional. Em contraste com o atual protocolo DIS, propomos a utilização de apontadores para dirigir entidades para estes canais, em vez de forçar o ambiente virtual (que pode ser tão simples como uma aplicação baseada em texto) a receber tanto PDUs DIS leves como fluxos de vídeo em tempo real. Além disso, o VE pode gerar um processo separado que incorpora um recetor adaptável e, assim, separa o tratamento de mensagens de simulação intermitentes dos fluxos em tempo real.

53.3.4 Gestor da área de interesse

O AOIM é o elo de ligação entre o DLS e o PDUS. O AOIM divide ou divide o ambiente virtual em pequenos ambientes virtuais, de modo a diminuir a carga do computador e a localizar problemas de vulnerabilidade [23].

a. Multicast entre grupos

O multicast entre grupos permite que grupos de estações de trabalho de diferentes dimensões troquem mensagens ou, por outras palavras, comuniquem através de uma transmissão.

b. Associações

O AOIM liga as classes espaciais a endereços multicast. O ambiente virtual pode ser dividido em pequenas regiões com a forma de um hexágono. Uma entidade que se encontra num determinado hexágono está obviamente relacionada com ele, bem como com o hexágono que se encontra na vizinhança da AOI dessa entidade. A forma do hexágono é utilizada porque é regular, está rodeado de forma uniforme e, no ambiente, adiciona e elimina o número de células circundantes de forma uniforme.

c. Alterações de grupo

As alterações de grupo apontam para as questões de atualização das associações relacionadas com entidades móveis ensinadas as alterações são tratadas de uma forma lógica como o esquema de memória paginada

d. Justificação

Com o AOIM, a latência é reduzida através da localização dos efeitos da adição de PDU no ambiente.

5.4 Aumentar a realidade virtual para aplicações no espaço de visualização científica e de conferências

A realidade virtual é a simulação do mundo real no ecrã, de modo a dar ao utilizador uma sensação de imersão. Com a ajuda de objectos reais, a realidade virtual pode ser aumentada e esses sistemas são conhecidos como aplicações de realidade aumentada. Historicamente, a simulação imersiva de ambientes virtuais (VE) tem sido explorada como uma solução de formação para uma variedade de áreas, como a interação militar entre vários utilizadores [27]. Duas das muitas aplicações desenvolvidas com recurso à realidade virtual são a visualização científica e um espaço de conferência espacial vestível. A realidade virtual, também designada por ambientes virtuais, é um novo paradigma de interface que utiliza computadores e interfaces homem-computador para criar o efeito de um mundo tridimensional em que o utilizador interage diretamente com objectos virtuais. Em muitos aspectos, o principal impacto da tecnologia de realidade virtual na visualização científica consiste em fornecer uma interface intuitiva "em tempo real" para a exploração de dados, facilitando simultaneamente a utilização da visualização científica no processo de investigação. A aplicação de conferência proporciona uma melhor forma de comunicação e tem proporcionado muitas experiências favoráveis aos utilizadores.

5.4.1 Um espaço de conferência espacial vestível

Os computadores portáteis são os computadores que se encontram no espaço pessoal do utilizador. Estão sempre ligados e acessíveis [27]. Muitas das aplicações trabalhadas até agora são entre um utilizador local e um utilizador remoto. Nesta aplicação, estamos interessados em saber como um wearable pode ser utilizado para a colaboração entre várias pessoas remotas. As questões que são tidas em consideração são:

- As melhorias visuais e sonoras ajudam na comunicação?
- Como é que pode ser criado?
- Como é que o utilizador é representado num ambiente informático vestível?

Estas questões estão a tornar-se cada vez mais importantes à medida que os telefones incorporam mais poder de computação e os computadores portáteis se tornam mais parecidos com os telefones. Uma questão fundamental é saber se precisamos de comunicação mediada por computador quando uma chamada telefónica em conferência pode ser igualmente eficaz. Trabalhos anteriores nos domínios da teleconferência e do trabalho colaborativo apoiado por computador abordam esta questão.

A. Um espaço de comunicação vestível

Um espaço de comunicação básico para vestíveis deve ter três elementos.

- Comunicação áudio de alta qualidade

- Representação visual
- Uma coordenada espacial

Os ecrãs para montagem na cabeça podem ser utilizados para apresentar informações através de uma combinação destas formas.

- Cabeça estabilizada: a informação está fixa no seu lugar. É independente da posição ou orientação do utilizador (figura 5.22)
- Corpo estabilizado: A informação não se move à medida que o utilizador muda, mas varia com a orientação do ponto de vista - à medida que é seguida.
- Mundo estabilizado: A informação é fixada com o mundo real e varia de acordo com a posição e orientação dos utilizadores.

O espaço de informação estabilizado no corpo e no mundo é mais atrativo. Uma das vantagens é o facto de poder ultrapassar as restrições de resolução dos HMD. O mundo estabilizado permite simulações do mundo real e também aumenta a intuitividade das tarefas do mundo real [28].

A forma mais simples de ecrã estabilizado ao corpo é aquela em que existe apenas um grau de orientação. Esta disposição é mostrada na figura 5.23. Dá ao utilizador a sensação de estar rodeado por um cilindro virtual de dados visuais e sonoros. A visualização da informação pode ser efectuada de duas formas. Em primeiro lugar, a informação é rodada em torno da cabeça do utilizador e, em segundo lugar, observando a orientação da cabeça do utilizador à medida que esta se move. A segunda forma requer hardware adicional, ou seja, um localizador de liberdade, ao passo que a primeira não necessita de nenhum. Com esta configuração de ecrã, pode ser criado um espaço de conferência que permitirá aos utilizadores falarem simultaneamente com a ajuda dos seus avatares. Os avatares podem ser transmitidos em vídeo em direto enquanto falam, e o áudio é espacializado em tempo real para que pareça que um avatar específico está a falar de cada vez.

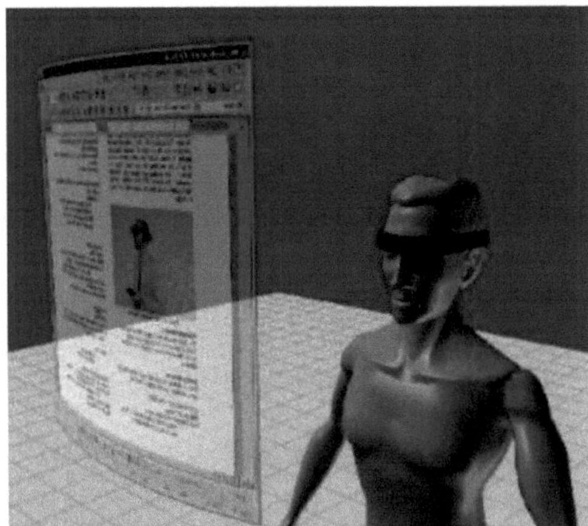

Fig 5.22: Visualização de informações espacializadas na cabeça

Fig 5.23 : Ecrã estabilizado com um corpo de um grau de liberdade

Outra caraterística fundamental seria a possibilidade de os utilizadores se virarem e encararem os avatares com quem querem falar, podendo também deslocar-se no espaço, de modo a poderem escolher a sua própria relação espacial com o utilizador. O sistema pode suportar utilizadores simultâneos. O utilizador pode ver o mundo real ao mesmo tempo, como mostra a figura 5.24. Também pode haver utilizadores a interagir através de um ambiente de trabalho. Todos os avatares aparecem em tamanho real.

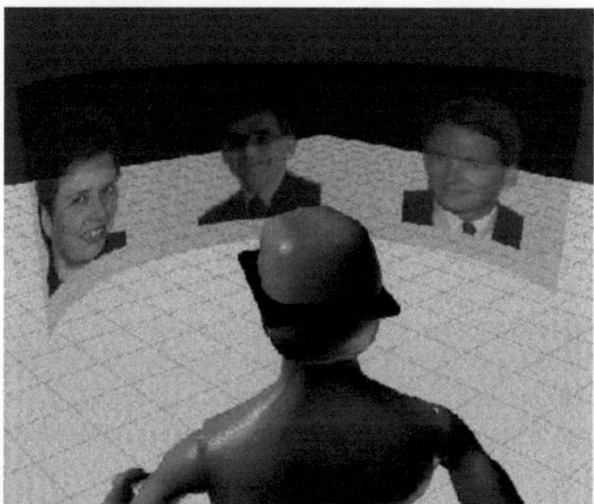

Figura 5.24 Um espaço de conferência espacial

B. Implementação

a. Hardware

O hardware necessário é constituído por um PC 586 104 personalizado com 20 MB de RAM, que funciona com o Windows 95 ou uma versão superior. Também é utilizado um trackball de rádio sem fios da Logitech com três botões como entrada principal. Um par de i-oglasses virtuais! É tornado monoscópico através da remoção da ocular esquerda. A cabeça-MD pode ser visualizada em modo visível ou oculto e tem uma resolução de 262x230 pixéis [28].

b. A interface vestível

Sem aceleração gráfica e com largura de banda sem fios limitada, a interface é deliberadamente simples. O ecrã fica preto antes de os utilizadores se ligarem. A cada utilizador é dado um espaço de 128x128 pixéis para o seu avatar. Esta resolução é baixa, mas o utilizador é capaz de reconhecer quem é o orador. Os movimentos da cabeça dos utilizadores são monitorizados, pelo que é possível virar a cabeça para falar com um determinado utilizador. O utilizador pode navegar no espaço com a ajuda de um trackball, rodando-o para trás e para a frente. Existe também um radar que mostra a localização de outros utilizadores, para que se possam encontrar uns aos outros. A interface foi desenvolvida utilizando as bibliotecas MS-Diret 3D, DirectDraw e Directlnput do DirectXsuite [28]. A vista do utilizador está representada na figura 5.25. O áudio está devidamente espacializado, variando conforme a pessoa se afasta ou se aproxima, e também conforme a direção entre o orador e o ouvinte. O áudio é selecionado de modo a que apenas seja enviado o som relevante para o ouvinte. Isto diminui a carga da CPU. Tudo isso é feito com bibliotecas de telefonia.

Figura 5.25: A visão dos utilizadores do espaço de conferência vestível

A interface vestível também suporta telefonia Internet espacializada em 3D. Quando os utilizadores se ligam ao espaço de conferência, o seu áudio é transmitido a todos os outros utilizadores no espaço. Este é espacializado de acordo com a distância e a direção entre o orador e o ouvinte. À medida que os utilizadores se aproximam dos diferentes altifalantes, o volume dos altifalantes muda devido à espacialização do som. Uma vez que os altifalantes são obrigados a permanecer no mesmo plano que o ouvinte, a espacialização do áudio é consideravelmente simplificada. A seleção de áudio também é utilizada para que apenas os fluxos de áudio dos altifalantes mais próximos do ouvinte sejam transmitidos e espacializados. Isto reduz significativamente a carga da CPU. O espaço de conferência utiliza bibliotecas de telefonia desenvolvidas à medida que incorporam as bibliotecas Microsoft Diret Sound.

C. A interface do ambiente de trabalho

O rato é utilizado para a navegação, para rodar a posição da cabeça e para movimentos para a frente e para trás. Os auscultadores e o microfone são utilizados para a comunicação áudio e os utilizadores do ambiente de trabalho também têm consciência das relações espaciais. Os utilizadores do ambiente de trabalho podem ver os avatares a virar a cara para falar com outra pessoa.

D. Arquitetura de software distribuído

As interfaces do wearable e do desktop baseiam-se em bibliotecas personalizadas para ambientes virtuais de colaboração que estão a ser desenvolvidas na British Telecom. Quando as aplicações cliente para o computador de mão e de secretária são executadas, são criados grupos multicast TCP/IP que permitem que os clientes comuniquem entre si através de sockets multicast. O protocolo multicast é um mecanismo eficiente de difusão de dados para múltiplos nós de rede e demonstrou ser bem dimensionado em grandes CVE [21]. As comunicações no espaço de conferência são encaminhadas através de um de dois grupos multicast, como mostra a figura 5.26. Um deles é para os dados transformacionais que representam a posição e a orientação de um avatar e quaisquer dados de mensagens e o segundo para os dados áudio. Quando os utilizadores se ligam ao espaço de comunicação, é-lhes atribuída uma etiqueta de identificação única (ID). medida que um utilizador se desloca no espaço, a etiqueta de identificação do seu avatar e as informações relativas à sua posição e orientação são transmitidas para o grupo multicast de transformação. Estes dados de transformação fluem a um ritmo de lO.OKb/s por utilizador. Quando recebidos por cada cliente do grupo, são utilizados para atualizar a posição e a orientação do avatar em causa. A informação transformacional é também utilizada para espacializar o fluxo de áudio do utilizador relevante para a posição do utilizador recetor.

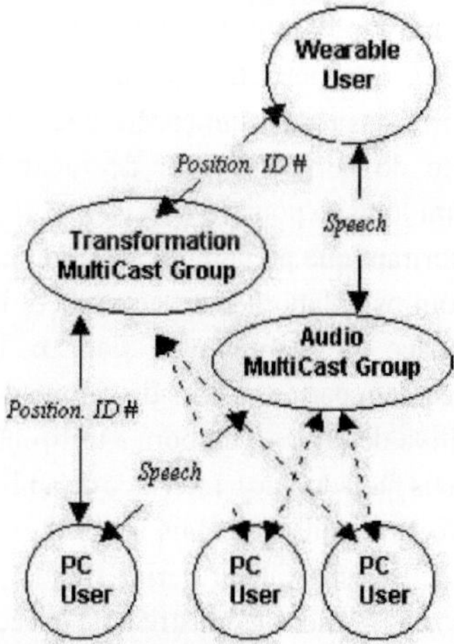

Figura 5.26: Arquitetura de software distribuído

Do mesmo modo, quando um utilizador fala, o seu discurso é digitalizado e transmitido para o grupo multicast de áudio. Quando recebido pelos outros clientes, o endereço IP do remetente identifica o avatar ao qual o áudio pertence e a sua posição e orientação. O áudio é então espacializado em tempo real. O áudio é implementado utilizando a tecnologia Diret Sound da Microsoft. Isso permite a captura de áudio em um buffer, que pode então ser transmitido pelo grupo multicast de áudio mostrado na figura 5.26. Uma vez recebido num computador cliente, o buffer pode ser reproduzido através do Diret Sound. Para que o áudio funcione em modo full duplex, ele deve ser capturado a uma taxa de 8 bits e 22KHz, resultando em uma taxa de dados de 172Kb/s. Todas as ligações aos grupos multicast são bidireccionais e os utilizadores podem ligar-se e desligar-se à vontade sem afetar os outros utilizadores no espaço de conferência.

E. Melhorias nas experiências do utilizador que exploram a utilidade das pistas espaciais no sistema

Ao desenvolver um espaço de conferência vestível, propusemo-nos explorar a utilidade das pistas visuais e sonoras espaciais em comparação com os dispositivos de comunicação portáteis tradicionais, nomeadamente a colaboração apenas por áudio com um telemóvel. Estamos a realizar ensaios com utilizadores para avaliar como a utilização de representações áudio e visuais espacializadas afecta a comunicação entre os colaboradores. Os ensaios informais preliminares obtiveram os seguintes resultados:

Os utilizadores são capazes de discriminar facilmente entre três oradores simultâneos quando os seus fluxos de áudio são espacializados, mas não quando é utilizado áudio não espacializado. Espera-se que esse efeito se torne ainda mais percetível à medida que o número de participantes simultâneos aumenta. Os participantes preferiram ver uma representação visual dos seus colaboradores em vez de apenas ouvir o seu discurso. Apesar de ter uma qualidade relativamente fraca, a representação visual permitiu-lhes ver quem está ligado e a relação espacial dos oradores [28]. Isto permitiu-lhes utilizar algumas das pistas não-verbais habitualmente utilizadas na comunicação face-a-face, como a modulação do olhar e o movimento do corpo. O ecrã de radar foi útil para encontrar colaboradores que estavam longe e pouco visíveis.

Os utilizadores descobriram que podiam continuar a realizar tarefas do mundo real enquanto falavam com os colaboradores no espaço de conferência e que era possível deslocar o espaço de conferência com o trackball para que os colaboradores não bloqueassem partes críticas do campo de visão dos utilizadores. A interface é fácil e intuitiva de utilizar, embora a utilização do rastreio da cabeça no wearable tenha sido mais fácil do que a interface de ambiente de trabalho apenas com rato [28]. No entanto, à medida que mais utilizadores se ligam ao espaço de conferência, a necessidade de espacializar vários fluxos de áudio sobrecarrega a CPU, tornando mais lentos os gráficos e o rastreio da cabeça. Isto torna difícil para o utilizador do wearable fazer conferências com mais de duas ou três pessoas em simultâneo. Este problema será reduzido à medida que CPUs mais rápidas e suporte de hardware para gráficos 3D se tornarem disponíveis para computadores portáteis. Para ultrapassar esta limitação, pode também recorrer-se a uma seleção espacial mais rigorosa dos fluxos de áudio, através da coagulação de fluxos selecionados numa única localização espacial ou da remoção total do áudio [28].

5.4.2 Realidade virtual na visualização científica

A realidade virtual, também designada por ambientes virtuais, é um novo paradigma de interface que utiliza computadores e interfaces homem-computador para criar o efeito de um mundo tridimensional no qual o utilizador interage diretamente com objectos virtuais. O termo "realidade virtual" tem recebido bastante atenção nos últimos anos, pelo que consideramos importante clarificar o seu significado. Para efeitos do presente artigo, adoptamos a seguinte definição: A realidade virtual é a utilização de computadores e interfaces homem-computador para criar o efeito de um mundo tridimensional contendo objectos interactivos com uma forte sensação de presença tridimensional.

Mais recentemente, parece que as capacidades do rápido avanço das tecnologias interactivas têm sido utilizadas em VE para processos de formação. Um dos aspectos é a sua capacidade de apresentar ao formando múltiplos dispositivos de entrada e saída, que servem como interfaces homem-computador (IHC) para interagir com objectos virtuais e levar a melhorar o desempenho do formando [27]. Queremos criar o efeito de interação com coisas e não com imagens de coisas. Note-se que afirmamos que a realidade virtual é um efeito, não uma ilusão. Em particular, a realidade virtual não tenta, a priori, criar uma ilusão do mundo real (embora algumas aplicações o tentem fazer). Note-se também que é a interface, e não o conteúdo, que caracteriza a realidade virtual [29]. O efeito da realidade virtual é conseguido através de vários componentes:

- Um ecrã com seguimento da cabeça, normalmente estereoscópico, que apresenta o mundo virtual a partir da posição atual da cabeça do utilizador, incluindo as pistas visuais necessárias para que a cena virtual seja percebida como independente do utilizador, ou seja, tenha "constância de objeto", enquanto o utilizador se move;
- Um sistema de computação gráfica de elevado desempenho que calcula e apresenta o mundo virtual; e
- Dispositivos de entrada tridimensionais que permitem ao utilizador introduzir dados no sistema diretamente em três dimensões.

A realidade virtual oferece a possibilidade de ambientes tridimensionais concebidos à medida, permitindo interfaces intuitivas "transparentes" - no sentido em que a interface do computador não é visível para o utilizador. Além disso, as capacidades de visualização e interação tridimensionais da realidade virtual permitem uma perceção e interação tridimensionais significativamente melhoradas em relação à computação gráfica tridimensional convencional. É razoável esperar que estas melhorias sejam úteis para uma série de aplicações. Mas, de forma algo surpreendente, as aplicações de realidade virtual têm-se revelado difíceis de desenvolver. Consideramos que há duas dificuldades principais que impedem o desenvolvimento de aplicações de realidade virtual.

A primeira é o facto de a interface de realidade virtual ser um paradigma completamente novo ao qual os paradigmas de interface bidimensional não se aplicam facilmente. Esta dificuldade obrigou os criadores de aplicações de realidade virtual a reinventar a interface homem-computador de novo - uma tarefa difícil. Embora esta área de investigação seja promissora, não a discutiremos mais aqui.

A segunda, que é o objeto do presente artigo, é que, para obter o efeito de realidade virtual, o sistema tem de ter um desempenho muito elevado. Por exemplo, as imagens gráficas têm de ser actualizadas com rapidez suficiente para que o movimento dos objectos e do próprio utilizador seja percebido como movimento, enquanto os resultados das acções do utilizador têm baixa latência. Especificamente, temos aquilo a que chamamos requisitos de realidade virtual, ou de desempenho em tempo real:

- O sistema deve fornecer feedback ao utilizador relativamente ao efeito de uma entrada contínua do utilizador em menos de 0,1 segundo, permitindo uma manipulação rápida e precisa do ambiente [29].
- A animação deve ter uma taxa de fotogramas - em especial a taxa de animação gráfica - de pelo menos 10 fotogramas por segundo. Esta velocidade é necessária para que o ecrã de rastreio da cabeça forneça a sensação necessária de presença tridimensional. Note-se também que o requisito não é que o movimento pareça "suave"; a 10 fotogramas por segundo, a velocidade de fotogramas é claramente visível.
- O ambiente virtual deve conter objectos de aplicação com um nível de fidelidade suficiente para permitir a realização de tarefas significativas. Estes requisitos entram frequentemente em conflito.

A. Imagens para a ciência - ecrãs e gráficos 3D

A realidade virtual e a visualização científica combinam bem por várias razões, para além da inerente visualização e controlo tridimensionais. A visualização científica está orientada para a apresentação informativa de quantidades e conceitos abstractos, por oposição a uma tentativa de representar realisticamente objectos do mundo real [29]. Assim, os requisitos gráficos da visualização científica podem ser orientados para representações exactas, por oposição a representações realistas. Algumas representações gráficas são viáveis com a tecnologia atual. Além disso, como os fenómenos representados são abstractos, um investigador pode realizar investigações na realidade virtual impossíveis ou sem sentido no mundo real. Desta forma, combinam-se os melhores aspectos da simulação por computador e da interação intuitiva com o mundo real.

Em muitos aspectos, o principal impacto da tecnologia de realidade virtual na visualização científica consiste em fornecer uma interface intuitiva "em tempo real" para a exploração de dados, facilitando simultaneamente a utilização da visualização científica no processo de investigação. Apresentamos dois pontos: que a exploração "em tempo real" é uma capacidade desejável com exigências e requisitos especiais, e que as interfaces de realidade virtual facilitam muito as capacidades de exploração. Um sistema de apoio à exploração interactiva de conjuntos de dados complexos necessita de duas capacidades:

- Interação em tempo real
- Uma interface tridimensional natural, "antropomórfica"

Estas capacidades proporcionam três vantagens principais:

- A capacidade de obter rapidamente amostras do volume de um conjunto de dados sem sobrecarregar a visualização
- A capacidade de investigar regiões que não se espera que sejam de interesse sem penalização
- A capacidade de ver a relação entre dados próximos no espaço ou no tempo sem sobrecarregar a visualização.

B. Exigências da visualização em tempo real

Muitas aplicações de visualização envolvem conjuntos de dados bidimensionais que contêm apenas um único valor em cada ponto. Para esses problemas, uma única imagem bem concebida pode fornecer uma grande quantidade de informações sobre esses dados[27] . No entanto, para muitos problemas, nomeadamente simulações de engenharia modernas, os conjuntos de dados consistem numa série temporal de volumes tridimensionais com muitos parâmetros em cada ponto. Além disso, os utilizadores estão frequentemente interessados no comportamento induzido por esses dados, como as linhas de fluxo num campo vetorial, e não nos próprios valores dos dados. É nestes casos que esperamos que a visualização interactiva em tempo real seja útil, devido à complexidade dos fenómenos que podem ocorrer num volume tridimensional. No entanto, é também nestes últimos casos que a visualização interactiva em tempo real é mais difícil - devido à dimensão dos conjuntos de dados e à complexidade dos cálculos envolvidos no processo de visualização.

Para ilustrar os requisitos computacionais de um sistema de visualização, considere as linhas de fluxo, uma técnica que envolve frequentemente várias centenas de integrações no cálculo de uma única linha de fluxo. Cada integração deve utilizar uma técnica com uma ordem de precisão elevada, aumentando a carga computacional. Além disso, muitas centenas de linhas de fluxo são frequentemente desejáveis. O resultado é que as linhas de fluxo podem ser muito dispendiosas do ponto de vista computacional. Para estimar com mais precisão os requisitos computacionais de um cálculo de linhas de fluxo, considere a técnica de integração Runge-Kutta de segunda ordem. Quando altamente optimizada pelo desempenho dos cálculos em coordenadas de grelha computacional, de modo a que a posição forneça diretamente as coordenadas da grelha (assumindo que a posição inicial é fornecida em coordenadas de grelha computacional), uma única integração de uma linha de fluxo requer cerca de 200 operações de vírgula flutuante e 24 acessos ao conjunto de dados [29]. Uma estação de trabalho típica de modem de alto desempenho tem um pico de desempenho escalar que varia entre 10 megaflops e 100 megaflops, sendo talvez 20 megaflops o valor típico.

Estes sistemas são capazes de computar 2 milhões de operações de vírgula flutuante em 0,1 segundos, o que implica a capacidade de efetuar um pouco menos de 10.000 integrações. Se cada linha de fluxo envolver 200 integrações, o sistema pode calcular, no máximo, 50 linhas de fluxo em 0,1 segundos. Na utilização real, a maioria dos sistemas funciona com cerca de metade do seu desempenho nominal, o que implica que se pode esperar calcular cerca de 25 linhas de fluxo. Podem ser efectuadas análises semelhantes para as outras técnicas de visualização. A situação no que respeita à gestão de dados é igualmente exigente. Embora a quantidade de dados necessária no exemplo de cálculo anterior seja modesta - três interpolações trilineares cada, exigindo oito vectores com três componentes de quatro bytes cada em representação IEEE de 32 bits, ou 288 bytes - os utilizadores desejam efetuar muitos destes cálculos. Além disso, os 288 bytes estão espalhados pelo conjunto de dados em 24 locais separados, assumindo novamente que os componentes de cada vetor estão armazenados de forma contígua.

C. Satisfazer as exigências de desempenho em tempo real

Toda a gente sabe que é desejável ter sistemas de visualização mais rápidos. Até recentemente, no entanto, velocidade e desempenho eram dois dos vários valores desejáveis - juntamente com precisão, facilidade de uso, acesso a conjuntos de dados muito grandes e elegância da estrutura do programa. O objetivo aqui é elevar o desempenho em tempo real ao estatuto de requisito para sistemas de visualização interactiva. Até certo ponto, os avanços tecnológicos aliviarão as dificuldades discutidas anteriormente. Os processadores e os discos serão mais rápidos e veremos estações de trabalho com cada vez mais memória. No entanto, é evidente que a resposta a um maior desempenho será exigir mais do sistema, uma vez que desejamos que a taxa de fotogramas seja a mais elevada possível e que desejamos ter muitas técnicas de visualização num único ambiente. Os tempos de acesso ao disco têm de melhorar em duas ordens de grandeza para eliminar o atual estrangulamento computacional [30].

A satisfação dos requisitos de desempenho computacional envolve várias considerações:

a. Arquitetura computacional: escalar vs. vetorial vs. paralela

As arquitecturas escalares são as mais versáteis, uma vez que fazem poucas suposições sobre os tipos de cálculos que estão a ser realizados, embora sejam também as arquitecturas mais lentas. As arquitecturas vectoriais partem do princípio de que são dados muitos passos sequenciais em cada cálculo, podendo todos os aspectos ser carregados num pipeline computacional no próprio processador.

Por último, as arquitecturas maciçamente paralelas dependem de um grande número de processadores escalares relativamente fracos e proporcionam um desempenho muito elevado quando é necessário um grande número de cálculos independentes relativamente pequenos. Esta paralelização não é frequentemente o caso na visualização, uma vez que muitas técnicas de visualização requerem cálculos iterativos.

b. Algoritmo computacional

Normalmente, há muitas formas de efetuar um cálculo. Os algoritmos computacionais mais rápidos são geralmente menos exactos, o que implica um compromisso entre precisão e desempenho. Num ambiente exploratório, é muitas vezes desejável obter um resultado rápido e menos exato. Os exemplos podem incluir aproximações de segunda ordem em vez de quarta ordem, subamostragem de dados, etc. Naturalmente, se a resposta for demasiado imprecisa, não é útil, pelo que é necessário ter muito cuidado ao escolher este compromisso.

c. Otimização cuidadosa do código

A tendência atual das arquitecturas das estações de trabalho para vários processadores escalares muito rápidos que funcionam em paralelo e partilham o mesmo espaço de memória física proporciona uma arquitetura computacional muito boa para a visualização de elevado desempenho. Presumivelmente, num futuro próximo, esta arquitetura será ampliada para uma gama de processadores maciçamente paralelos (centenas a milhares de processadores). Embora ainda não se saiba se o desempenho é realmente escalável num sistema deste tipo, temos razões para estar optimistas.

d. Carregar apenas um subvolume dos dados

Esta estratégia tenta limitar o problema de visualização em volume, permitindo que mais passos temporais de um volume menor sejam carregados na memória física. O volume pode ser especificado pelo utilizador no momento do arranque [30]. Um esquema mais ambicioso consiste em carregar volumes de dados quando necessário para um cálculo. No entanto, este último esquema depara-se com grandes dificuldades quando existem vários tipos diferentes de visualização presentes no ambiente, todos a computar em paralelo.

e. Subamostragem dos dados

O grande conjunto de dados pode ser subamostrado tanto no tempo como no espaço. No entanto, esta abordagem é extremamente arriscada, uma vez que a subamostragem pode não só mascarar fenómenos, mas também introduzir um comportamento incorreto, por exemplo, nas linhas de fluxo [30]. As grandes simulações numéricas são normalmente efectuadas em grelhas com o número mínimo de pontos necessário, pelo que não é recomendável diminuir ainda mais o número de pontos.

f. Comprimir os dados

Existem vários esquemas de compressão de dados. Infelizmente, a maior parte deles são "com perdas", na medida em que os dados não podem ser reconstruídos com total exatidão após a compressão. As representações em várias escalas, como as wavelets, são um pouco mais prometedoras para a compressão de dados, mas ainda não foram obtidos bons resultados. Por último, a descompressão dos dados sobrecarrega a computação, podendo entrar em conflito com outros requisitos computacionais do sistema.

g. Otimizar a organização dos dados no disco

Os dados podem ser colocados no disco de modo a que tudo o que é necessário para um cálculo possa ser carregado em tempo de execução num único carregamento. Por exemplo, para uma isosuperfície de um campo escalar, os valores do campo podem ser ordenados no disco pelo valor do campo de dados, de modo que apenas os dados com valores próximos ao valor do campo da isosuperfície sejam carregados. A dificuldade com este método é que o armazenamento de dados é optimizado para uma determinada técnica de visualização; para outra técnica, a otimização seria diferente.

D. Melhorias futuras para uma simulação mais capaz e envolvente

A visualização científica é potencialmente uma área de aplicação muito frutuosa para a realidade virtual e deve ser prosseguida de forma agressiva. Ao contrário da facilidade de algumas áreas de aplicação, é possível desenvolver aplicações significativas de visualização científica com a tecnologia existente. Para tal, são essenciais as estações de trabalho gráficas tridimensionais de elevado desempenho com múltiplos processadores escalares com uma potência total de vírgula flutuante de centenas de megaflops; sistemas operativos que suportem threads ligeiras preemptivas regularmente programadas, de modo a que os processos sejam programados de forma fiável e regular; e uma capacidade de memória física muito grande (mais de 10 gigabytes)[29].

A tendência na conceção de estações de trabalho para gráficos mais rápidos, maior potência computacional, sistemas operativos que suportam a execução simultânea e memória muito grande deve ser incentivada e acelerada

Embora muitas aplicações significativas da realidade virtual à visualização científica possam ser implementadas com a tecnologia existente, o estado atual da tecnologia impõe limites significativos. A eliminação destes limites depende do trabalho nas seguintes áreas:

a. Gestão de dados

São necessários sistemas de armazenamento em massa de elevada largura de banda e baixa latência para lidar com problemas de visualização por modem que contenham desde muitos gigabytes a terabytes de dados numa aplicação de realidade virtual[30].

b. Prototipagem rápida

Os sistemas devem fornecer capacidades semelhantes às dos pacotes de visualização científica de fluxos de dados AVS e IRIS Explorer, mas adaptadas à interface de realidade virtual. Esta capacidade facilitaria grandemente o desenvolvimento de aplicações.

c. Redes

Já existem redes de elevada largura de banda e baixa latência sob a forma de redes locais de gigabit. Este elevado desempenho tem de ser implementado em redes de longo curso para facilitar a visualização partilhada por investigadores em locais muito dispersos.

d. Arquitecturas

As arquitecturas de software têm de suportar o acesso a dados e cálculos residentes tanto em computadores locais como remotos. Esta arquitetura deve ser dimensionada e tornar transparente a localização dos dados ou dos cálculos, satisfazendo simultaneamente as restrições de desempenho em tempo real. São também necessárias arquitecturas de software que facilitem o desenvolvimento de ambientes altamente concorrentes mas sincronizados. Os sistemas operativos que fornecem capacidade de multiprocessamento apenas respondem parcialmente a esta necessidade.

e. Ecrãs visuais

Promete-se uma maior resolução, um campo de visão mais amplo, níveis mais baixos de distorção ótica e factores de forma melhorados. É possível que os ecrãs montados na cabeça não sejam amplamente aceites pelos investigadores enquanto não tiverem um formato semelhante ao dos óculos de sol.

f. Dispositivos de entrada

São necessários localizadores de maior precisão e de maior alcance, bem como algoritmos para inferir as intenções do utilizador a partir dos dados do localizador. Os dispositivos podem incluir luvas melhoradas, melhores dispositivos de botões, reconhecimento de voz, etc. Ainda está por determinar qual o dispositivo adequado para cada contexto.

Resumo

Os ambientes virtuais incluem tudo virtualmente e constituem a base da crescente infraestrutura global de informação. O aumento da escala do ambiente virtual é muito importante na solução do ambiente virtual e deve ser abordado corretamente. Os problemas das camadas inferiores e intermédias devem ser resolvidos e o VRML é da maior importância, uma vez que funciona com a Web para representar gráficos 3D de uma forma independente da plataforma. É necessário um banco de ensaio internacional de redes de ambientes virtuais para permitir às escolas de investigação ligarem-se e testarem serviços experimentais de elevada largura de banda a baixo custo, sem pôr em risco as redes de produção. Na secção 5.3, que descreveu a infraestrutura jade, é necessária para a evolução genérica do sistema de forma dinâmica, mas revela-se difícil integrar diferentes tecnologias. A utilização de Java como linguagem de implementação facilita a implementação, uma vez que a JVM está generalizada nos principais sistemas operativos e browsers, o que evita ao utilizador final os encargos e as dificuldades de instalação de uma plataforma comum para funcionar.

O protótipo é utilizado para criar um espaço de comunicação onde o áudio e o vídeo são espacializados para melhorar a comunicação entre pessoas que estão sentadas em locais diferentes. O espaço é criado através de uma plataforma vestível. As experiências iniciais mostraram que é uma opção muito melhor em comparação com a comunicação apenas por áudio, porque permite ao utilizador diferenciar melhor os oradores. Este espaço pode ser utilizado para apoiar muitas aplicações. Por exemplo, quando um utilizador remoto procura aconselhamento especializado sobre algo. Uma outra aplicação importante da realidade aumentada é a utilização de avatares no espaço, associando-os a objectos físicos nas imediações. Como o utilizador pode posicionar explicitamente os objectos, são possíveis várias aplicações.

A abordagem em três níveis destinada à gestão de filtragem minimiza o tráfego de rede e o tempo de CPU. O tráfego de dados ou os dados enviados após uma ação ou atualização depende do número de entidades interessadas na alteração e não do número total de entidades no ambiente. É capaz de tratar 10000 entidades num ambiente virtual.

Não tem em conta todos os problemas e, em segundo lugar, a arquitetura pode, por vezes, ser complicada. O impacto do movimento de entidades de grande dimensão não é tido em conta na conceção, mas não deve ser uma tarefa difícil e, por último, não é tida em conta a topologia da rede nas simulações. A análise do impacto da divisão dos métodos, por exemplo, funcionais, é ignorada. Para além do estado imaturo da tecnologia, há também uma imaturidade no conhecimento de como construir aplicações úteis. A visualização científica oferece uma oportunidade de experimentar tais aplicações num ambiente que exige razoavelmente da tecnologia, mas que requer abordagens interessantes e imaginativas para a conceção do sistema. Por esta razão, pensamos que a realidade virtual e a visualização científica proporcionarão uma interação rica e frutuosa nos próximos anos.

CAPÍTULO 6

Estratégias de implementação em realidade aumentada móvel no exterior

6.1 Introdução

A Realidade Aumentada é mais eficaz quando o ambiente virtual é combinado com o tempo real. A sobreposição de uma imagem 2D num vídeo digital é o exemplo mais simples de Realidade Aumentada, mas para uma demonstração mais impressionante de Realidade Aumentada são adicionados objectos 3D a um vídeo em tempo real. A adição de objectos virtuais a uma cena é designada por Realidade Aumentada Visual. Uma vez que a olho nu não é possível ver diretamente os objectos virtuais, a RA baseia-se em ecrãs que vão desde o monitor do computador, TV, Webcams, dispositivos portáteis até HMDs (Head Mounted Displays). A RA é um domínio da ciência em que os objectos virtuais 3D são integrados em tempo real num ambiente 3D real. As tecnologias VE ou de Realidade Virtual mergulham completamente o utilizador num ambiente que foi criado virtualmente. O utilizador não consegue ver o ambiente real (efetivo) quando está imerso numa RV. Mas na RA, os objectos virtuais são sobrepostos ou compostos com o mundo real, ou seja, o utilizador pode ver o ambiente real e o virtual no mesmo espaço sem conseguir distinguir entre eles. O objetivo da Realidade Aumentada é melhorar o mundo real (mundo físico) através do aumento de objectos virtuais, ou seja, acrescentando-lhe capacidades de comunicação e informação digital. Com o advento do computador, a face de muitas organizações mudou drasticamente, quer se trate de empresas ou de instalações médicas. O software informático facilitou o acesso à informação e reduziu o tempo necessário para criar manualmente uma enorme documentação em papel.

Na secção 6.2, é desenvolvida uma aplicação móvel de Realidade Aumentada para ter uma visão transparente de objectos ocluídos[33] e uma avaliação da visão transparente pelo utilizador[34]. Também se verifica a eficiência das pistas visuais em comparação com as pistas sonoras para a navegação colaborativa em espaços mistos[35]. Kameda desenvolveu um sistema para ultrapassar as deficiências da Realidade Aumentada, ou seja, os utilizadores de Realidade Aumentada podem ver e examinar o ambiente que está na visão direta do utilizador e não está obstruído. Para tal, é utilizada uma câmara de vigilância para captar imagens de objectos ocultos em locais ocultos, que são depois apresentadas na vista atual do utilizador. Estes sistemas e muitos outros semelhantes requerem um modelo geométrico pré-construído do ambiente. Os modelos têm de ser construídos antes do funcionamento do sistema, normalmente recorrendo a uma aplicação de terceiros e a hardware de digitalização. Este requisito torna estes sistemas inadequados para serem utilizados em ambientes inexplorados. Assim, exige-se de um sistema que permita ao utilizador explorar ambientes exteriores utilizando um sistema móvel de realidade aumentada, ao mesmo tempo que é capaz de observar informações de vídeo em direto de outros locais físicos. Este sistema supera o problema da necessidade de um modelo geométrico existente e demonstra também algumas técnicas de visualização únicas para a visualização de dados de vídeo remotos. O problema que era apresentado pela utilização de um modelo geométrico predefinido foi superado pela utilização de Realidade Aumentada móvel.Este sistema utiliza o sistema de modelação Tinmith, que permite não só modelar modelos existentes, mas também criar novas geometrias únicas. O Tinmith foi criado para permitir ao utilizador modelar objectos existentes e criar novas geometrias únicas no exterior. O utilizador utiliza luvas de pinça para interagir com o sistema e utiliza ferramentas de construção como mover, dimensionar e rodar formas predefinidas, ou criar edifícios definindo planos para cada parede. A Realidade Aumentada combina dados do mundo real com dados gerados por computador. É utilizado um sistema que pode apresentar vistas fotorrealistas de locais ocultos que são apresentados relativamente à localização física do utilizador no mundo real. O sistema foi concebido de forma a que a informação sobre a textura seja obtida a partir de um fluxo de vídeo do local oculto, captado por um robô, por outros utilizadores de RA ou por uma câmara de vigilância. Assume-se que a fonte de informação de vídeo está equipada com sensores de posição e orientação para ajudar o sistema de renderização. A investigação anterior investigou a visualização de objectos ocluídos para Realidade Aumentada no exterior e sistemas capazes de renderizar cenas 3D fotorrealistas de ambientes reais destinados a utilização no interior de um computador de secretária. Quando os utilizadores visualizam objectos ocultos nas suas localizações reais utilizando Realidade Aumentada, podem facilmente compreender a sua posição, orientação e tamanho. Quando um utilizador consegue ver o seu próprio ambiente com locais oclusos corretamente registados diretamente sobrepostos, consegue facilmente determinar as relações espaciais entre os locais relevantes. A alternativa extrema para o utilizador é ver vários vídeos remotos num ecrã normal sem alterações. Embora isto exija uma maior carga cognitiva do utilizador, as imagens de vídeo não são alteradas e têm a melhor qualidade possível. Este tipo de navegação é necessário em ambientes onde o ambiente circundante está em constante mudança. Poupyrev criou uma nova classificação para metáforas de manipulação de ambientes virtuais para uma melhor compreensão. A classificação separa as metáforas em egocêntricas ou exocêntricas, dependendo do ponto de vista do utilizador. As metáforas exocêntricas são aquelas em que os utilizadores têm um ponto de vista externo ou de Deus, olhando para o mundo. As metáforas egocêntricas são normalmente utilizadas em sistemas imersivos e colocam o utilizador diretamente no ambiente. O estudo exigia que um participante com um ponto de vista exocêntrico de um labirinto guiasse um participante totalmente imerso no labirinto em direção à saída, utilizando apenas comunicação verbal. O número de opções em qualquer ponto de decisão era, no máximo, quatro: "ir em frente", "ir para a esquerda", "ir para a direita" e "voltar por onde veio". Esta investigação demonstrou que a colaboração exocêntrica-egocêntrica é significativamente mais eficiente para tarefas de navegação do que a navegação por uma só pessoa. Em cenários mais complexos do mundo real, o número de alternativas é arbitrário. medida que o número de alternativas aumenta, deve tornar-se cada vez mais difícil e, por conseguinte, mais moroso navegar remotamente uma pessoa utilizando apenas comandos de voz. Na navegação colaborativa, as instruções verbais de navegação têm de ser dadas em relação à pessoa com a visão egocêntrica do espaço de navegação. Assim, a pessoa com o ponto de vista exocêntrico do espaço de navegação determina primeiro a relação espacial entre a pessoa com o ponto de vista egocêntrico e o seu objetivo antes de lho descrever verbalmente, por exemplo, "A saída é à sua direita". A interação semelhante a um Deus foi anteriormente apresentada como uma metáfora para a comunicação entre pessoas localizadas em espaços interiores, utilizando um ecrã de mesa de reconstrução 3D, e pessoas localizadas no exterior, utilizando um sistema de realidade aumentada exterior. A mesa de reconstrução 3D (mesa HOG) é capaz de captar os gestos das mãos dos utilizadores e a interação com objectos tangíveis e transmitir a informação 3D a pessoas no exterior utilizando sistemas de realidade aumentada no exterior. Utilizando este sistema, uma pessoa com uma visão exocêntrica do espaço de navegação pode guiar a pessoa com uma visão egocêntrica até ao seu objetivo sem construir um modelo mental da relação espacial entre a pessoa com uma visão egocêntrica e o seu objetivo.

Na secção 6.3, discute-se a utilização da tecnologia de interface de utilizador unificada para desenvolver uma mão Tinmith [36] e como o rastreio de mãos móveis pode ser feito utilizando FPGA para Realidade Aumentada de baixa potência [37]. Foram efectuadas muitas investigações sobre arquitecturas e aplicações imersivas de Realidade Aumentada (RA) 3D no exterior. Uma dessas áreas de investigação é a colaboração entre um utilizador no exterior que opera uma aplicação de Realidade Aumentada, enquanto um segundo utilizador está no interior num ambiente de Realidade Virtual. Acredita-se que é desejável uma tecnologia de interface de utilizador unificada entre aplicações de Realidade Aumentada no exterior e aplicações de Realidade Virtual no interior, para facilitar a interoperabilidade entre os sistemas. Anteriormente, foi feita uma demonstração de um utilizador móvel de um sistema de Realidade Aumentada a interagir com entidades 3D exteriores, enquanto outro utilizador interage com as mesmas entidades numa estação de trabalho de Realidade Virtual situada no interior [3 6] . Nesta demonstração, vários sistemas estão ligados entre si através de uma rede sem fios e partilham a mesma informação. Os utilizadores de Realidade Aumentada são representados como avatares no ecrã de Realidade Virtual, e os objectos virtuais são sobrepostos como etiquetas e pontos na vista exterior do utilizador. A funcionalidade das câmaras virtuais sem a necessidade de transmitir grandes quantidades de dados de vídeo em bruto é fornecida, sendo apenas transmitidas informações de posição e orientação. O objetivo das investigações actuais é alargar o trabalho anterior e apoiar a colaboração entre utilizadores num ambiente de Realidade Virtual interior e utilizadores móveis no exterior que visualizam a mesma informação com uma interface de Realidade Aumentada. Imaginemos que alguém é enviado para um local remoto para fazer o levantamento do terreno físico e das caraterísticas do edifício; simultaneamente, os peritos estão a ver os dados e a orientar as acções da pessoa remota, que está a registar a informação levantada através de um sistema informático móvel de Realidade Aumentada.

Os especialistas em interiores vêem o modelo à medida que este vai sendo construído, pelo que podem orientar os utilizadores remotos para as regiões de maior interesse, anotando a visão do mundo do utilizador remoto. A maior parte da investigação sobre Realidade Aumentada publicada até à data baseia-se na utilização de hardware de computação de uso geral. Este hardware é normalmente maior em tamanho e consome mais energia do que o hardware dedicado, que é concebido especificamente para uma tarefa. Ao construir computadores portáteis, a portabilidade e o consumo de energia são questões importantes que precisam de ser abordadas.

No sistema de modelação Tinmith -Metro, o utilizador usa um computador de mochila e luvas de rastreio para apontar e selecionar comandos. Anteriormente, foi desenvolvido um sistema de rastreio que utiliza câmaras e software Fire wire, mas o seu funcionamento exigia muito processamento. Foi utilizado um computador reconfigurável Celoxica RC200, que contém um XilinxVirtex II 1000 field programmable gate array (FPGA), memória de acesso aleatório, um painel LCD para depuração, chips de captura de vídeo e uma porta RS-232. Em vez de utilizar a FPGA para todo o processamento de imagem, o RC200 contém circuitos dedicados para as tarefas mais comuns.

Os fotogramas de vídeo são capturados a partir de uma câmara de resolução PAL usada na cabeça e são calculadas as coordenadas dos marcadores fixados nos polegares do utilizador.

O mesmo sinal da câmara de vídeo é também enviado para um dispositivo de sobreposição de vídeo GrandTec MagicView para proporcionar uma visualização de vídeo através da RA. A vantagem desta configuração é que não é necessário que o computador portátil processe o fluxo de vídeo.

Na secção 6.4 é discutida a tecnologia de posse para a introdução de estratégia em tempo real nos jogos de Realidade Aumentada[38]. Os jogos jogados em ambiente de Realidade Aumentada proporcionam ao utilizador uma experiência em tempo real do jogo, uma vez que o utilizador sente que está no próprio ambiente. A maioria dos jogos de realidade aumentada criados até agora basearam-se em estilos que são normalmente jogados numa perspetiva de primeira pessoa, seja num computador de secretária ou na vida real.

6.2 Visão See-Through e sua avaliação para objectos oclusos em realidade aumentada exterior

A aplicação de Realidade Aumentada é muito útil para proporcionar uma visão transparente de objectos ocluídos em Realidade Aumentada Exterior. Também é descrita uma técnica baseada em gestos que permite ao utilizador selecionar quando visualizar objectos ocluídos. Utilizando as técnicas de modelação em tempo real do sistema Tinmith, o utilizador é capaz de criar a geometria necessária para permitir a utilização de técnicas de renderização baseadas na imagem para renderizar imagens corrigidas no ecrã do utilizador [33].A capacidade do utilizador para visualizar e compreender a aparência de uma área exterior ocluída por um edifício, enquanto utiliza um computador móvel, foi também comparada com a de outro conjunto de utilizadores que estavam a ver as imagens de vídeo dessa área.

6.2.1 Visualização de objectos oclusos em ambientes de realidade aumentada exteriores desconhecidos

A realidade aumentada permite que um utilizador veja o seu ambiente real combinado com imagens geradas por computador e modelos 3D registados no mundo. No entanto, os sistemas de RA estão limitados à capacidade de explorar e examinar um ambiente que seja visível para o utilizador e não esteja oculto por outros objectos. Para captar dados de vídeo de locais remotos, utilizámos uma plataforma robótica móvel equipada com uma câmara. O utilizador usa um computador portátil montado no cinto com um HMD e utiliza menus no ecrã selecionados com luvas de pinça para controlar e comunicar com o robô.

A. Visualização

É utilizado um ecrã picture-in-picture para ver o que é visto pelo robô a partir de uma localização oclusa. O ecrã é visto na parte inferior do ecrã, como mostra a fig. 6.1. Esta visualização é útil para uma navegação simples, mas não fornece ao utilizador quaisquer pistas intuitivas quanto à localização da informação mostrada no ecrã. O sistema discutido utiliza várias técnicas de renderização, como o modo de visualização de sobreposição simples.

O conjunto completo de técnicas de modelação proporcionadas pelo Tinmith pode ainda ser utilizado, o que permite ao utilizador criar geometria num local remoto, ou simplesmente a partir de outro ponto de vista próximo da sua localização física atual. Um caso típico de utilização deste sistema pode ser num cenário de recuperação de desastres; o utilizador pode controlar o robô para se deslocar para um local inseguro ou inacessível ao utilizador de Realidade Aumentada. Depois, utilizando uma combinação do modo de telepresença e do modo imersivo normal de Realidade Aumentada, podem construir modelos aproximados das principais caraterísticas que precisam de observar. O sistema também pode ser facilmente alargado para suportar vários robôs, ou mesmo a capacidade de possuir o ponto de vista de outro utilizador que utilize um sistema de Realidade Aumentada

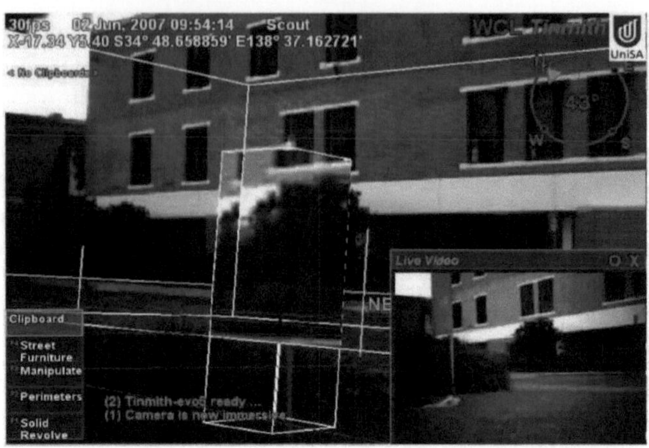

Figura 6.1 - Um sinal de trânsito desaparece ao ser renderizado sobre ele no ecrã.

I. Visualização de objectos ocluídos

É necessário um modelo geométrico básico para renderizar uma imagem a partir da câmara e exibi-la em locais remotos, após o que as texturas podem ser facilmente renderizadas nos objectos a partir do sistema de vídeo. Os modelos são basicamente aproximações simples dos objectos devido à utilização de texturas fotorrealistas [41]. O estilo de lente mágica ultrapassa o problema levantado em trabalhos anteriores, como o das pistas de profundidade anormais para o utilizador. Na lente mágica, o utilizador pode mostrar a informação escondida numa área retangular escolhida por ele, dando a impressão de que o utilizador pode ver através desse local, como na fig.6.2

Figura 6.2 - A lente mágica de duas mãos permite ao utilizador ver através dos edifícios

II. Fazer desaparecer objectos

Esta técnica permite ao utilizador desenhar uma sobreposição adequada sobre o objeto que obstrui a visão do utilizador, para que este possa ver o que está por detrás do objeto, tal como se viu em trabalhos anteriores. Para remover um objeto do mundo real para desaparecer, é necessário um modelo 3D capaz de cobrir toda a área desse objeto. O modelo 3D do ambiente é então utilizado como uma máscara 2D para definir o local no ecrã onde o objeto atrás dele deve ser representado. Esta técnica requer que a cena por detrás do objeto seja modelada para que a cena ocluída seja corretamente apresentada no ecrã.

B. Aplicação

O primeiro é a plataforma móvel, que é uma cadeira de rodas eléctrica composta por um computador portátil, um recetor GPS, uma câmara e um sensor de orientação. A placa do microcontrolador opera o controlador do motor e o computador portátil é responsável pela comunicação com o microcontrolador, para assinalar o início e a paragem da operação. Em segundo lugar, o computador móvel Tinmith é constituído por todos os componentes de uma plataforma móvel, juntamente com um HMD e luvas sem fios. O computador portátil utilizado é o sistema de Realidade Aumentada Tinmith, construído à medida e montado no cinto. Os dois componentes comunicam através de uma rede sem fios 802.11.

6.2.2 Avaliação pelo utilizador da visão transparente para realidade aumentada móvel no exterior

Desenvolve-se aqui um sistema que pode apresentar vistas foto-realistas de locais ocultos que são apresentados relativamente à localização física do utilizador no mundo real. Neste caso, um objeto ou local oculto pode ser um carro ou um edifício escondido atrás de outro edifício.

O sistema foi concebido de modo a que a informação sobre a textura seja obtida a partir de um fluxo de vídeo do local oculto, captado por um robô, outros utilizadores de R aumentada ou uma câmara de vigilância. Assume-se que a fonte de informação de vídeo está equipada com sensores de posição e orientação para ajudar o sistema de renderização. A investigação anterior investigou a visualização de objectos oclusos para Realidade Aumentada no exterior e sistemas capazes de renderizar cenas 3D fotorrealistas de ambientes reais destinados a utilização no interior de um computador de secretária.

A. Trabalhos relacionados

As técnicas de renderização baseadas em imagens têm sido utilizadas há muitos anos para gerar reconstruções 3D foto-realistas de objectos reais. Neuman desenvolveu o Augmented Virtual Environment (AVE), que permitia a renderização de múltiplas fontes de vídeo como texturas num modelo 3D que o utilizador podia navegar utilizando um computador de secretária. Este sistema foi alargado por Hu para suportar a texturização a partir de uma sequência de vídeo [34]. Esta utilização de imagens reais num ambiente virtual foi introduzida na realidade aumentada por Kameda. A ferramenta de visão transparente permite que os utilizadores "vejam através das paredes", apresentando imagens do outro lado da parede num ecrã de mão, como mostra a fig. 6.3. As imagens de vídeo foram captadas por câmaras de vigilância fixas.

Figura 6.3 - Uma vista de Realidade Aumentada mostrando uma área oclusa através de um edifício.

Este sistema tem transparência, planos de terra e sobreposições de estrutura de arame que ajudam os utilizadores a compreender as imagens que lhes são apresentadas. Um estudo de Livingston investigou mais aprofundadamente o problema da visualização de objectos ocluídos num cenário imersivo de realidade aumentada e a capacidade do utilizador para avaliar as relações espaciais entre eles. Bane e Hollerer investigaram técnicas de visão por raios X para realidade aumentada no exterior. O sistema original de visão transparente de Kameda foi concebido utilizando vídeos de câmaras de vigilância. Wang desenvolveu uma série de visualizações de ambiente de trabalho adequadas para lidar com 50 câmaras de vigilância em direto instaladas num grande edifício de vários andares. As visualizações incluíam imagens 2D, imagens de cartazes e texturas projectadas [34]. Foi efectuado um estudo qualitativo para observar que visualizações as pessoas utilizam quando executam tarefas de vigilância.

B. Sistema de visualização

O utilizador utiliza ferramentas baseadas no gesto da mão para criar modelos 3D que são utilizados para apresentar imagens de objectos ocultos com correção do ponto de vista. A informação de vídeo e a modelação de edifícios remotos ou ocultos foram fornecidas por uma plataforma robótica móvel que o utilizador pode navegar remotamente para locais adequados. Foram feitas algumas adições ao sistema para facilitar a avaliação do utilizador. Em vez de renderizar apenas o último fotograma de um fluxo de vídeo, foi adicionada uma funcionalidade de instantâneo de imagem para registar fotogramas anteriores e renderizá-los também na cena. Foi considerada a utilização de ângulos relativos entre a imagem atual no fluxo de vídeo e o ângulo do instantâneo anterior. A experimentação revelou que uma alteração total de 25° no rumo e na inclinação da câmara $((Ah + Ap) > 25)$ era um valor adequado para garantir a cobertura da cena, evitando o armazenamento de imagens em excesso. A textura atual do vídeo em direto é delimitada por uma moldura verde, para que os utilizadores possam ver facilmente qual a parte do ecrã que está a ser actualizada e evitar possíveis confusões quando as secções do ecrã são actualizadas subitamente.

Foi implementada uma função de zoom digital para permitir ao utilizador ver mais pormenores dos objectos à distância. Considerámos que um zoom de 3x era adequado para utilização neste cenário. O modo de zoom é ativado premindo um botão nesta unidade remota sem fios.

C. Avaliação

Foi realizado um estudo entre sujeitos para comparar a compreensão de uma cena por parte do utilizador em duas condições diferentes: utilizar um computador wearable ao ar livre para observar uma visão renderizada da cena e ver o vídeo de origem inalterado num monitor LCD. O sistema de visão de Realidade Aumentada tem a vantagem de a informação ser colocada in-situ e de a sua utilização ser altamente intuitiva para o utilizador. Tem também desvantagens como a resolução limitada do HMD, o erro do rastreador, o alinhamento da imagem e o facto de o ponto de vista estar limitado ao ponto para onde o utilizador se pode deslocar fisicamente.

I. Hipótese

O estudo testará as seguintes hipóteses:

- ***Hipótese 1:*** Os utilizadores são capazes de entender um vídeo mais rapidamente e de compreender o seu conteúdo com mais precisão quando este é apresentado in situ com um sistema de visão transparente, em comparação com a visualização inalterada num ecrã LCD não co-localizado com o ambiente.
- ***Hipótese*** 2: Os utilizadores também são capazes de compreender vários vídeos em simultâneo de forma mais rápida e precisa.
- ***Hipótese*** 3: Os utilizadores serão capazes de completar uma tarefa que lhes exija a comparação e o alinhamento de múltiplas localizações no mundo real de forma mais rápida e precisa.

II. Participantes

O estudo foi realizado com 34 participantes divididos em dois grupos de 17. Foi-lhes atribuído o visionamento de vídeos num computador de secretária ou num computador de realidade aumentada vestível para o exterior. Estes dois grupos são doravante designados por participantes no interior e no exterior. Os participantes pertenciam a vários grupos etários, mas a maioria tinha menos de 50 anos (0-21: 9, 22-25: 5, 26-30: 9, 31-50: 8, 50+: 3). Havia 25 homens e 9 mulheres.

III. Tarefas

Para avaliar a hipótese, foram criadas três tarefas para cada participante competir. Para estas tarefas, foi criado um conjunto de vídeos pré-gravados. Foram selecionados dois locais (Local A e Local B) de um campus universitário. Em cada um dos locais, foram afixados nas paredes 4 marcadores de cores vivas diferentes, 2 de cada lado. Os marcadores eram feitos de cartão com 50 cm de diâmetro. A utilização de um robô ou de uma câmara de vigilância teria conduzido a trajectórias de câmara, velocidades de fotogramas e condições de iluminação inconsistentes. Os ficheiros de vídeo foram capturados com uma resolução de 320x240 a 15 fps. O sistema de visualização de Realidade Aumentada foi modificado para ler vídeos MPEG em vez de um fluxo de vídeo sem fios em direto. Os vídeos tinham uma duração média de 16 segundos e consistiam numa panorâmica horizontal para capturar os marcadores.

a. Tarefa de vídeo única

Para a primeira tarefa, os participantes foram selecionados aleatoriamente para a localização A ou para a localização B. Foi-lhes dado um mapa simples do local, desenhado de cima para baixo. Aos participantes no exterior foi mostrado o local atribuído, representado no ecrã de Realidade Aumentada. Um exemplo do ecrã do utilizador pode ser visto na Figura 1. Os participantes foram instruídos a encontrar a localização dos 4 pontos de cores vivas na área oclusa, a marcar a localização dos marcadores no mapa e a escrever a altura estimada do marcador. Os participantes que se encontravam no interior do edifício viram o vídeo num monitor de computador, sentados à secretária, e receberam o mesmo mapa e instruções para assinalar as mesmas informações que os participantes que se encontravam no exterior. Para ambos os grupos, o vídeo foi reproduzido num ciclo contínuo e os participantes puderam ver o vídeo tantas vezes quantas as necessárias.

b. Dupla tarefa de vídeo

Na segunda tarefa, os participantes viram uma localização diferente da que tinham visto na primeira tarefa. Foram escolhidas várias localizações e ordenações para evitar efeitos de aprendizagem. A localização era apresentada ao participante sob a forma de dois vídeos simultâneos, como mostra a figura 6.4.

Figura 6.4 Foram colocados marcadores coloridos nas paredes e foram gravados vídeos

Cada vídeo observava apenas metade dos marcadores. Os participantes de interior viram dois vídeos a serem reproduzidos lado a lado no ecrã. Os participantes no exterior viram várias texturas a serem actualizadas ao mesmo tempo.

c. Tarefa do cenário

A terceira tarefa exigia que o utilizador completasse um conjunto de passos mais complexo. A tarefa foi concebida para simular uma situação de salvamento de emergência em que o participante tinha de determinar a localização de três pessoas feridas e o melhor ponto para chegar a cada pessoa através de um edifício adjacente. O pátio onde se encontravam as três pessoas estava ocluído por um edifício com 20 janelas, qualquer uma das quais poderia ser um possível ponto de salvamento. Os participantes viram um vídeo capturado a partir de um pátio com 3 marcadores coloridos que simulavam a localização de pessoas feridas. A sua tarefa consistia em determinar, para cada um dos 3 marcadores visíveis no vídeo, quais as janelas do edifício adjacente que se encontravam diretamente em frente dos marcadores. Os participantes que se encontravam no exterior foram levados para uma área onde podiam ver claramente uma parede com as janelas uniformemente espaçadas, mas a localização do pátio estava oculta. A área oclusa era visível utilizando a visão transparente. Ao caminharem ao longo da parede visível, podiam alinhar as janelas reais com os marcadores ocultos.

Os participantes tinham de selecionar uma janela (numerada de 1 a 20) para cada marcador. Os participantes no interior receberam o vídeo gravado, uma fotografia de satélite da área e uma fotografia das janelas. Para completar a tarefa, tinham de determinar a localização dos marcadores no mapa de satélite, depois uma localização na parede com janelas e, a partir daí, determinar a janela correta.

D. Análise e resultados

A análise dos resultados do estudo foi efectuada através de um teste t para amostras independentes.

I. Exatidão

Para cada participante havia um total de 8 marcadores (4 para cada uma das duas primeiras tarefas) que selecionaram a uma distância ao longo da parede. Não foram encontradas diferenças significativas na precisão entre as tarefas de vídeo simples e duplo, quer no grupo de interior quer no grupo de exterior ($p=0,42$ e 0,24, respetivamente). Comparando os participantes de interior e de exterior na precisão de todos os marcadores colocados, os participantes de interior apresentaram um erro de 4,14 m e os participantes de exterior um erro de 3,27. Esta foi uma melhoria significativa na precisão ($p <0,04$) para o sistema de RA. A resposta média de cada grupo também foi determinada.

Um número positivo indica que os participantes deram respostas que estavam mais longe da parede do que o marcador real, e valores negativos indicam que estavam mais perto. Como os resultados médios para ambos os grupos foram positivos, isso indica que os participantes acreditam que os marcadores estão mais longe da câmara/ponto de vista do que realmente estão.

II. Calendário

O tempo necessário para concluir a tarefa não diminuiu da tarefa de vídeo simples para a tarefa de vídeo duplo para os participantes no interior ($p=0,43$), mas registou-se uma diminuição significativa do tempo para os participantes no exterior de 3m:57s.

III. Resultados do questionário

Todos os participantes foram convidados a preencher um questionário após a conclusão do estudo. Foram colocadas 11 perguntas comuns aos participantes dos grupos de interior e exterior e mais 4 perguntas ao grupo de exterior. As perguntas foram respondidas utilizando uma escala de Likert de 5 pontos de 1 (fácil, concordo, baixo) a 5 (difícil, discordo, alto). Os resultados do questionário são apresentados no quadro 6.1

	Indoor	Outdoor
I felt I completely understood the layout of the locations presented to me.	2.00	2.00
The speed of the videos was (1=too slow, 5=too fast)	3.12	2.35
Understanding a single video was	2.06	2.00
Understanding double videos was	3.12	2.00
Understanding the scenario task video was	2.41	1.76
The scenario itself was hard to understand	3.88	4.24
The resolution of the display was sufficient for the task	1.47	2.82
The technology was helpful to complete the tasks	1.60	1.69
The viewpoints available were appropriate	2.00	2.20
The technology was intuitive to use	1.93	1.88
Being able to move around was helpful	N/A	1.12
Do you believe the tasks would have been easier if the videos were shown normally on a television screen?	N/A	3.31
The use of transparency was confusing	N/A	3.81
Rate the strain on your eyes	1.82	2.65
Rate the strain on your back/hips	N/A	2.41

Quadro 6.1: Resultados do questionário

IV. Feedback

Para além das perguntas fixas do formulário do questionário, foi pedido aos participantes que dessem feedback sobre cada uma das três tarefas e comentassem o sistema. 13 dos 17 participantes no exterior forneceram comentários por escrito após o estudo. Os participantes fizeram uma série de comentários sobre a instabilidade do tracker e a visibilidade do HMD, que são causados pelo hardware e difíceis de evitar. Por vezes, era difícil distinguir o modelo de estrutura de arame no HMD.

Um tópico interessante discutido nos comentários estava relacionado à dificuldade de diferenciar a visão do mundo real das sobreposições de objetos ocluídos. Quando a visão em primeira pessoa é combinada com a cena ocluída, quaisquer cores ou texturas semelhantes entre as áreas ocluída e ocluidora podem dificultar o discernimento de onde está a separação entre as duas. Os participantes sugeriram a possibilidade de remover ou reduzir a visibilidade do mundo real para ajudar na visualização da área oclusa. Isto teria o efeito de alternar entre uma vista de RA e de RV. Foi também sugerida uma fronteira mais óbvia entre as áreas visível e oclusa no ecrã. Poderia ser apresentado no ecrã um limite em torno da informação oclusa, com linhas grossas e cores vivas. Embora a cena estivesse a ser actualizada através de uma simulação de vídeo em direto, alguns utilizadores acharam que era demasiado lento e teriam preferido que a informação fosse apresentada o mais rapidamente possível. Este facto foi reforçado pelo questionário que mostrou uma diferença significativa na opção da velocidade do vídeo entre os grupos.

6.2.3 Eficiência das técnicas de navegação colaborativa em espaços mistos

Na colaboração espacial mista, o mesmo espaço problemático é visto por várias pessoas de diferentes perspectivas. Este tipo de navegação é necessário em ambientes onde o ambiente circundante está em constante mudança. A classificação separa as metáforas em egocêntricas ou exocêntricas, consoante o ponto de vista do utilizador. As metáforas exocêntricas são aquelas em que os utilizadores têm um ponto de vista externo ou de Deus, olhando para o mundo. As metáforas egocêntricas são tipicamente utilizadas em sistemas imersivos e colocam o utilizador diretamente no ambiente. A interação do tipo Deus [39] foi anteriormente apresentada como uma metáfora para a comunicação entre pessoas localizadas em espaços interiores, utilizando um ecrã de mesa de reconstrução 3D, e pessoas localizadas no exterior, utilizando um sistema de realidade aumentada exterior [35]. A mesa de reconstrução 3D (mesa HOG) é capaz de captar os gestos das mãos dos utilizadores e a interação com objectos tangíveis e transmitir a informação 3D a pessoas no exterior utilizando sistemas de realidade aumentada no exterior.

A. Conceção da experiência

A mesa HOG comunica através de uma LAN de lGbps com um computador com um processador de 64 bits 2.4 GhzAMD Athlon e 512MB de RAM. Uma NVIDIA GeForce 6800 GT acciona um HMD I-glasses de 800x600 que tem um FOV horizontal de aproximadamente 26 graus. Um localizador magnético Polhemus 3 Space Fastrak regista a posição e a orientação de um HMD e de um controlador de mão com 6 graus de liberdade. A tarefa foi efectuada em pares. Um participante estava totalmente imerso numa sala virtual. A sala virtual [40] tem 20m de diâmetro. À volta da parede da sala existem várias portas. Todas as portas parecem idênticas e a única forma de encontrar a saída sem ajuda é testar todas as portas. A navegação na sala virtual é conseguida através de um botão no comando manual que faz o utilizador avançar ao longo do seu vetor de visão atual. O outro participante viu uma vista de cima para baixo da sala virtual em que o participante imerso se encontrava. Uma seta vermelha que representa a localização e a orientação da cabeça do participante imerso era visível para o participante da mesa HOG. O participante da mesa HOG também podia ver um círculo verde semi-transparente sobre a porta de saída. Foi efectuado um estudo dentro dos sujeitos com uma tarefa de navegação realizada em três condições:

Apenas áudio: O participante da mesa HOG limita-se a emitir apenas comandos verbais para guiar o participante imerso até o destino final.

Com base no rato: O participante na mesa HOG utiliza um rato para controlar um cursor. Quando clicavam na vista 2D de cima para baixo da sala, aparecia um pequeno ponto azul, enquanto na vista imersiva aparecia uma mão. A mão permanecia no local clicado até que se clicasse num novo local.

Baseado em gestos: Os participantes da mesa HOG usam gestos com as mãos para guiar os participantes imersivos para as saídas. Foram mostradas aos participantes da mesa HOG as várias formas de utilização da interface. Foram explicados ao utilizador os seguintes exemplos: apontar para a saída, apontar para a esquerda ou para a direita, apontar para o lado da saída, apontar para qualquer um dos lados da saída e arrastar um dedo para traçar um caminho que pode ser seguido. No caso baseado em gestos, a reconstrução era actualizada 7 vezes por segundo. A mesa HOG e os participantes imersos estavam localizados na mesma sala e, por conseguinte, podiam comunicar de forma audível em todas as condições. Um monitor foi posicionado perto da mesa HOG para que os participantes da mesa HOG pudessem ver a visão dos participantes imersos[41] . O tempo decorrido entre o início de uma tarefa e o momento em que o utilizador imerso começou a mover-se foi registado como "tempo de localização" e, em seguida, o tempo decorrido entre o momento de localização e o momento em que o utilizador imerso encontrou a saída foi registado como "tempo de viagem". Os grupos experimentaram as mesmas três condições numa ordem diferente para compensar os efeitos de aprendizagem. Para cada uma das condições, a tarefa do participante da mesa HOG era guiar o participante imerso até à saída 20 vezes. O número de portas mudava cada vez que o participante imerso encontrava a saída. O número de portas estava sempre entre 3 e 12 inclusive, portanto havia 10 salas diferentes e cada sala foi experimentada duas vezes por condição.

I . Hipótese

A seguinte hipótese foi formulada antes da realização do estudo: A navegação baseada em pistas visuais é mais eficiente do que a navegação apenas áudio.

II Resultados

O estudo envolveu 12 grupos de 2 participantes, compostos por 19 homens e 5 mulheres. Todos os participantes trabalhavam com computadores baseados em Windows durante mais de 15 horas por semana. Dos participantes imersos, 58% tinham menos de 1 hora de experiência prévia com RV, 33% dos participantes imersos tinham entre 1 e 5 horas de experiência prévia com RV e apenas 1 participante imerso tinha mais de 5 horas de experiência prévia com RV. Em 3 dos 12 grupos, os participantes não se conheciam. O tempo médio de localização utilizando uma condição só de áudio (4,35 segundos) é mais longo do que com o rato (3,7 segundos) ou com a condição de gestos (3,65 segundos). Uma ANOVA unidirecional dentro dos sujeitos sobre os tempos totais com um nível de significância de a = 0,05 revela uma diferença significativa com $p < 0,05$. Foi efectuada uma análise post hoc do teste t para as três condições, gesto e rato, apenas áudio e rato, e apenas áudio e gesto. Os resultados mostram o efeito significativo que as abordagens baseadas em pistas visuais têm sobre uma abordagem apenas áudio, com ambas as condições de gesto e rato significativamente mais rápidas do que a condição apenas áudio. Os resultados também mostram que não houve diferença significativa entre a eficiência das condições com gestos e com o rato. Isto apoia a hipótese de que a navegação baseada em pistas visuais é mais eficiente do que a navegação apenas áudio. O erro padrão do tempo total das condições de apenas áudio, rato e gesto foi de: 0,19s, 0,1 Is e 0,14s, respetivamente.A falta de uma pista visual nesta condição dificultou a rápida identificação da saída pelos participantes, particularmente à medida que o número de saídas possíveis aumentava. A falta de uma pista visual nesta condição dificultou a identificação rápida da saída, especialmente à medida que o número de saídas possíveis aumentava. A maior variação é provavelmente atribuível à variedade de abordagens que os participantes da mesa HOG usaram para direcionar os participantes imersos para a saída. Enquanto os participantes da mesa HOG na condição mouse adotaram uma abordagem mais consistente.

Para a condição de apenas áudio, os participantes da mesa HOG normalmente orientavam o participante imerso começando com uma direção como "esquerda" ou "direita", ou muitas vezes com um número aproximado de graus como "vire 90" ou "vire 180". À medida que o participante imerso rodava, os participantes da mesa HOG encorajavam-no, por exemplo, a "continuar". Quando o participante imerso estava prestes a olhar para a porta ou no momento em que o fazia, os participantes da mesa HOG diziam "pare" ou "é isso". Nessa altura, o participante imerso começava a deslocar-se para a saída. Os participantes da mesa HOG corrigiam frequentemente quaisquer erros nesta altura, dizendo algo como: "não, é o próximo à esquerda". Isso fez com que a condição de áudio fosse a menos eficiente no geral.

Para a condição do rato, os participantes da mesa HOG empregariam inicialmente a mesma técnica que para a condição só de áudio, de modo a que o participante imerso começasse a olhar numa determinada direção, como a esquerda ou a direita. Nessa altura, o participante da mesa HOG já teria tido tempo suficiente para clicar na saída. O participante imerso veria a saída que estava a ser apontada e navegaria até ela.

Para a condição de gesto, houve várias abordagens diferentes adoptadas pelos participantes da mesa HOG. A primeira é muito semelhante à condição do rato. Os participantes da mesa HOG indicavam uma direção para começar a olhar e, quando o participante imerso começava a olhar em volta, o participante da mesa HOG estendia a mão e apontava para a saída. Outra abordagem era o participante da mesa HOG apontar inicialmente para o campo de visão do participante imerso e traçar uma linha para o participante imerso seguir até a saída. Alguns participantes apontaram para a esquerda e para a direita como forma de descrever o caminho a seguir. Para indicar a saída, a maioria dos participantes apontava diretamente para a frente da porta, no entanto, alguns acharam que podiam apontar para qualquer um dos lados da saída, de modo a não ocultar.

6.3 Rastreio móvel de mãos utilizando FPGA e tecnologia de interface de utilizador unificada para realidade aumentada móvel

Vários sistemas de realidade aumentada utilizam hardware de computação de uso geral para realizar tarefas como a renderização de gráficos, a sobreposição de vídeo e o seguimento da visão. Assim, os sistemas de realidade aumentada tornam-se grandes e volumosos devido ao consumo de energia e à complexidade do hardware necessário quando se utiliza hardware de uso geral para executar tarefas. Assim, é utilizada uma solução de seguimento de mãos num computador reconfigurável, que reduz o consumo de energia e transfere parte do processamento para hardware especializado. A técnica de interação entre Realidade Aumentada e Realidade Virtual utiliza a Geometria Sólida Construtiva [36] e um sistema de menu baseado numa luva, denominado Tinmith-Glove, de modo a suportar a realidade virtual no interior e a realidade aumentada no exterior. O Tinmith- Hand utiliza conceitos semelhantes para ambos os domínios, de modo a que as aplicações de Realidade Aumentada e de Realidade Virtual sejam consistentes e simples de utilizar. O objetivo futuro desta interface de utilizador é permitir a colaboração entre sistemas de Realidade Aumentada de exterior e de Realidade Virtual de interior. Neste ponto, são também consideradas as técnicas de tempo real que podem ser utilizadas em jogos de estratégia em tempo real (RTS), quais são os problemas que se colocam com a sua utilização e como podem ser ultrapassados.

6.3.1 Tinmith-Hand: Tecnologia de interface de utilizador unificada para realidade aumentada móvel no exterior e realidade virtual no interior

Foram efectuadas muitas investigações sobre arquitecturas e aplicações imersivas de Realidade Aumentada (RA) 3D no exterior. Acredita-se que é desejável uma tecnologia de interface de utilizador unificada entre as aplicações de Realidade Aumentada no exterior e de Realidade Virtual no interior, para facilitar a interoperabilidade entre os sistemas. Anteriormente, foi demonstrado que um utilizador móvel de um sistema de Realidade Aumentada interage com entidades 3D no exterior, enquanto outro utilizador interage com as mesmas entidades numa estação de trabalho de Realidade Virtual situada no interior. Nesta demonstração, vários sistemas estão ligados entre si através de uma rede sem fios e partilham a mesma informação. Os utilizadores de Realidade Aumentada são representados como avatares no ecrã de Realidade Virtual e os objectos virtuais são sobrepostos como rótulos e pontos na vista exterior do utilizador[36]. A funcionalidade das câmaras virtuais é fornecida sem a necessidade de transmitir grandes quantidades de dados de vídeo em bruto, sendo apenas transmitidas informações de posição e orientação.

A. Contribuição

Aqui é descrita uma possível interface de utilizador, Tinmith-Hand, para os dois utilizadores, que utiliza luvas de aperto e rastreio do polegar para controlar um menu e um sistema de modelação 3D. Os aspectos de anotação e comunicação do cenário acima estão atualmente a ser investigados. O aspeto de modelação e gravação foi demonstrado em duas aplicações que utilizam esta interface de utilizador, Tinmith-Metro e Tinmith-Realidade Virtual. O Tinmith-Metro permite aos utilizadores capturar os desenhos de edifícios e estruturas exteriores utilizando técnicas de manipulação fora do alcance do braço. O Tinmith-Virtual Reality foi concebido para modelar objectos virtuais da mesma forma que o Tinmith-Metro, mas também permite operações de manipulação direta que estão ao alcance do braço. Ambos os modeladores baseiam-se em novas técnicas que foram desenvolvidas e que se baseiam na natureza intuitiva das operações de geometria sólida construtiva (CSG) existentes, tais como as técnicas de planos infinitos. Estas técnicas de captura foram concebidas para criar representações simples de objectos mais rapidamente do que os métodos de levantamento convencionais. A contribuição deste trabalho é a tecnologia de interface de utilizador única para apoiar a modelação CSG interactiva, bem como a forma como a CSG é aplicada para capturar estruturas 3D exteriores com Realidade Aumentada e criar novos modelos em interiores com Realidade Virtual. O trabalho baseia-se fortemente em boas soluções conhecidas para problemas de interação com a Realidade Aumentada e a Realidade Virtual, e é através da combinação destas soluções que a tecnologia foi desenvolvida.

B. Interações

As principais interações com o Tinmith-Hand são feitas através de gestos com a cabeça e as mãos, uma vez que se pretende manter as mãos livres de dispositivos de entrada, se possível, permitindo estilos de interação mais naturais. Para controlar a interface do utilizador, a cabeça e as mãos do utilizador são rastreadas no espaço 3D, e os toques dos dedos são usados para controlar um sistema de menus. Este sistema de menus é descrito em , e foi concebido para lidar com aplicações mais complexas do que sistemas de menus comparáveis. Um menu é fixado na parte inferior do ecrã e cada dedo é mapeado para um dos oito itens dinâmicos do menu, controlando todo o sistema. Quando o sistema de menus é combinado com cursores 3D localizados nas mãos do utilizador e na sua linha de visão, é possível interagir com ambientes 3D de uma forma eficiente e natural. É definido um cursor ocular para especificar objectos e planos ao longo da linha de visão relativa ao corpo. O cursor de uma mão é útil tanto para a seleção como para a translação, enquanto o cursor de duas mãos é utilizado para selecções múltiplas e rotações e escalas relativas. O sistema suporta técnicas de plano de imagem e também a manipulação direta de objectos[43] . Estas técnicas são utilizadas para os casos de Realidade Aumentada e Realidade Virtual, permitindo a seleção e transformação de objectos 3D existentes utilizando movimentos naturais das mãos. A interação principal no caso da Realidade Aumentada no exterior baseia-se em técnicas de plano de imagem, enquanto no caso da Realidade Virtual se baseia principalmente na manipulação direta. Para mudar a localização da câmara, os utilizadores caminham fisicamente para o local pretendido na situação de Realidade Aumentada, enquanto que na Realidade Virtual o utilizador viaja para esse local utilizando um voo ou outro método, através de um mundo que foi dimensionado para visualização. É possível criar novos objectos - modelos pré-fabricados ou construídos pelo utilizador com primitivos simples.

A técnica dos planos infinitos permite aos utilizadores criar formas complexas, como edifícios, utilizando apenas planos infinitos colocados em locais apropriados. Quando combinada com operações CSG, como o entalhe, é possível capturar muitas formas comuns.

C. Exemplo de modelação interior Tinmith-VR

A Figura 6.5 mostra uma captura de ecrã do Tinmith-VR a ser utilizado para criar uma cena de exemplo. Neste exemplo, o utilizador está a criar um modelo à escala de um pequeno edifício, como um bam numa quinta. Este edifício tem um telhado arbitrariamente curvo, pelo que não é possível utilizar um cubo ou um objeto pré-fabricado. Para capturar este edifício, o corpo e as mãos do utilizador são seguidos por um seguidor Polhemus 6DOF. O utilizador define a curva do telhado especificando um conjunto de planos infinitos com pinças da mão não dominante. Inicialmente, estes planos são entidades separadas, mas quando combinados usando a operação de intersecção CSG, uma forma sólida pode ser formada. O sólido é definido pela região convexa que é delimitada por todos os planos. Se forem necessárias formas côncavas mais complexas, o objeto deve ser criado em partes e fundido. O objeto CSG pode ser modificado interactivamente, permitindo ao utilizador fazer os ajustes finais aos planos antes de guardar o objeto final. Para completar o modelo, o utilizador adiciona alguns modelos extra, tais como mesas, candeeiros de rua e pinheiros, como se mostra na fig.6.5. Estes modelos foram pré-fabricados noutra aplicação, mas também poderiam ter sido criados utilizando este sistema, se assim o desejasse.

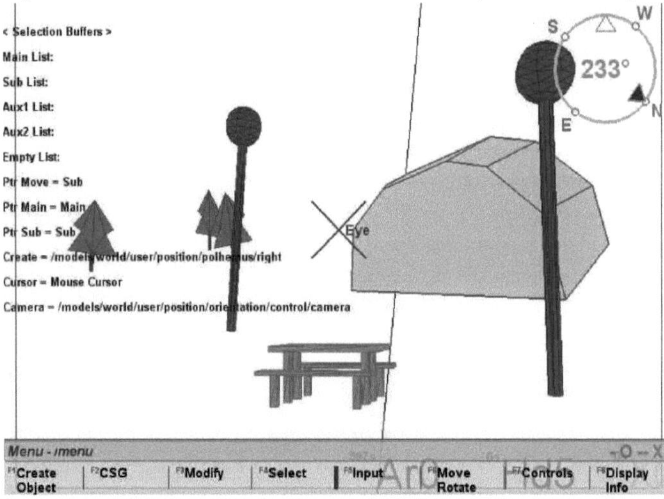

Figura 6.5 - Latoeiro-Realidade Virtual com objeto sólido final com telhado curvo e mobiliário urbano pré-fabricado colocado nas proximidades

6.3.2 Rastreamento de mãos móveis usando FPGAs para realidade aumentada de baixa potência

Ao construir computadores portáteis, a portabilidade e o consumo de energia são questões importantes que precisam de ser abordadas. No sistema de modelação

Tinmith-Metro, o utilizador usa um computador de mochila e luvas de rastreio para apontar e selecionar comandos. Anteriormente, foi desenvolvido um sistema de rastreio que utiliza câmaras de fio de fogo e software, mas o seu funcionamento exigia muito processamento[37] . Os fotogramas de vídeo são captados por uma câmara de resolução PAL usada na cabeça e são calculadas as coordenadas dos marcadores fixados nos polegares do utilizador. O mesmo sinal de câmara de vídeo é também enviado para um dispositivo de sobreposição de vídeo GrandTec MagicView para proporcionar a visualização de vídeo através da Realidade Aumentada.

A. Antecedentes

Um FPGA consiste numa matriz de lógica não comprometida que pode ser configurada pelo utilizador final através de uma forma de programação de hardware. A programação destes dispositivos pode ser efectuada utilizando linguagens como VHDL ou Verilog, mas pode ser difícil e demorada, especialmente para utilizadores inexperientes. É utilizada a linguagem de programação Handel-C, que utiliza uma sintaxe semelhante à do C para exprimir os projectos de circuitos. Embora esta sintaxe semelhante à do C seja mais fácil de compreender do que a do VHDL, os algoritmos têm ainda de ser redesenhados tendo em conta a natureza paralela da arquitetura para se obter o melhor desempenho. No entanto, a utilização de linguagens de alto nível, como o Handel-C, continua a ser um tópico de investigação em aberto e está muito menos madura do que linguagens comparáveis de uso geral, como o C e o Java. A programação em FPGA exige uma compreensão pormenorizada da arquitetura do circuito e da temporização, mas permite o desenvolvimento de sistemas em tempo real [3 7]. Os algoritmos podem ser divididos em componentes paralelizados, mas é necessária uma sincronização rigorosa para garantir resultados não corrompidos. Para tal, é utilizado um sistema de mochila Tinmith, como se mostra na fig. 6.6(a), e a forma como, depois de receber a imagem do mundo real, esta é processada no sistema de mochila Tinmith é mostrada na fig. 6.6(b)

Figura6.6(a)Sistema de mochila de latoeiro

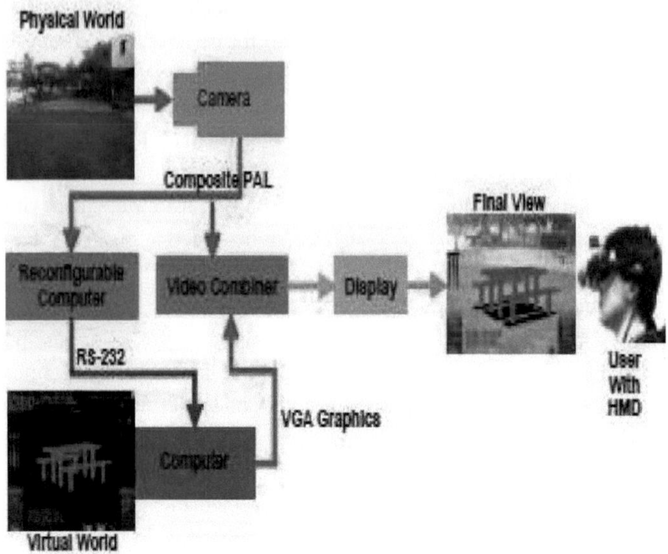

Figura 6.6(b) Processamento interno do sistema da mochila Tinmith

B. Implementação

Para separar a bola colorida da cena, a própria bola é procurada em vez de se tentar procurar o fundo, que é imprevisível e está sempre a mudar em ambientes exteriores. Em vez de limiarizar a cor da bola no espaço de cor RGB, são utilizados os dados YUV do chip de captura SAA113H integrado, de modo a que a informação sobre o brilho esteja contida num canal separado. O algoritmo de limiarização procura uma gama de cores no espaço UV e utiliza uma tolerância ampla no canal Y, de modo a ter um bom desempenho numa vasta gama de condições de iluminação. Depois de a limiarização ter separado os pixels candidatos, é aplicado um algoritmo de centro de massa à imagem para encontrar o centro desses pixels na cena. Quaisquer grandes manchas serão claramente visíveis contra qualquer ruído de fundo. Ao executar vários algoritmos de limiar e de centro de massa em paralelo, é possível procurar várias manchas coloridas em simultâneo. O algoritmo de centro de massa é particularmente adequado para a implementação em FPGA, porque as regiões da imagem podem ser processadas numa série de condutas paralelas, sendo os resultados combinados mais tarde. Depois de os centros das manchas serem encontrados, a porta série RS-232 é utilizada para transmitir as coordenadas XY para a máquina anfitriã, para renderização no ecrã de RA, utilizando software como o Tinmith-Metro. O RC200 capta fotogramas a taxas de atualização PAL de 50 Hz e é processado pela FPGA a 25 Hz em tempo real devido ao entrelaçamento dos sinais de vídeo, como se mostra na fig. 6.7. Como o hardware personalizado não tem outras despesas gerais, o atraso é a taxa de atualização mais o atraso da transmissão RS-232.

Figura 6.7 - Saída de depuração do RC200 mostrando a limiarização da imagem e o ponto central do marcador calculado, combinados com a vista da câmara do ambiente exterior

C. Análise e resultados

O sistema foi testado ao ar livre e os resultados são muito mais robustos do que o anterior sistema baseado em marcadores fiduciais. Uma vez que o localizador não regista qualquer informação de estado de fotograma para fotograma, recupera instantaneamente das falhas de localização e não necessita de readquirir o marcador. Foram realizadas várias experiências para encontrar cores que não estão normalmente presentes em ambientes exteriores típicos para reduzir a taxa de falsas detecções. Verificou-se que a utilização de cores altamente saturadas produzia um limiar de bolhas fiável. Ao utilizar bolas marcadoras com uma superfície felpuda, foi possível remover os realces especulares que resultariam na falha do algoritmo de seguimento. Em comparação com o localizador anterior, esta nova implementação é capaz de sobreviver mais facilmente a condições de iluminação extremas, como quando o sol está quase no campo de visão da câmara, o que é bastante comum. A principal fraqueza que se nota é durante o crepúsculo, quando a câmara não consegue distinguir tão facilmente as cores no ambiente. A Figura 6.7 mostra a saída de depuração do RC200, indicando os pixels detectados como uma mancha colorida, com um cursor a indicar o centro detectado. O localizador produz sempre resultados que se situam dentro dos limites do marcador, a menos que exista uma maior quantidade de ruído do ambiente.

6.4 Técnicas de posse para introdução em jogos de realidade aumentada de estratégia em tempo real

São apresentadas as técnicas de tempo real que podem ser utilizadas em jogos de estratégia em tempo real (RTS), quais os problemas que se colocam com a sua utilização e como podem ser ultrapassados. Um fator limitativo é que a posição do utilizador no ambiente virtual deve corresponder à sua posição no mundo físico. Se for óbvio para o utilizador que não existe correspondência entre os dois, a ilusão de um ambiente consistente será quebrada. O principal problema com a adaptação de um jogo RTS para um ambiente de Realidade Aumentada é que o jogador terá de gerir uma grande força de unidades militares em tamanho real, o que não pode ser feito eficazmente se o utilizador estiver confinado ao que pode ver e à velocidade a que se pode mover no mundo físico. Neste caso, é introduzida a utilização de transições de Realidade Aumentada-Realidade Virtual (AR-VR)[38] e uma nova técnica[39] designada por posse, que tenta resolver estes problemas. A estratégia de interação do tipo "Deus" utilizada até agora neste caso é muito útil em vários jogos de realidade aumentada.

A. Versões de RTS com realidade aumentada

A consciência situacional do jogador num jogo de estratégia em tempo real aumentado (AR-RTS) é limitada pelo seu ambiente físico. Se a área física em que o utilizador está a jogar for grande e plana, o seu movimento fica limitado ao nível do solo. Jogar estes jogos ao nível do solo é difícil por várias razões. Nos jogos RTS [38], o jogador desloca as suas unidades selecionando primeiro uma e depois especificando um local de destino no solo. Como o ponto de vista do jogador está apenas a cerca de 2 metros do solo, tem muito pouca nitidez visual, uma vez que o solo converge para uma singularidade no horizonte. Isto torna extremamente difícil a seleção precisa de pontos no solo quando estes não se encontram na proximidade imediata do jogador. Um jogo AR-RTS proporciona um nevoeiro de guerra automático ao jogador. Para ultrapassar este campo de visão limitado, o utilizador deve poder deslocar a sua posição virtual independentemente da sua posição física, de modo a poder ver outras áreas para além daquelas de que está fisicamente próximo. Para tal, é necessário que o utilizador possa dissociar as vistas dos ambientes físico e virtual, de modo a que a alteração da sua posição virtual não torne visíveis quaisquer inconsistências entre as localizações relativas dos dois ambientes.

Como a comunicação e a sincronização são efectuadas através da passagem de mensagens, é garantido um elevado nível de robustez [40]. Se um fluxo de trabalho estiver à espera de dados, um operador humano pode ser notificado e pode, na pior das hipóteses, ou seja, se não houver dados disponíveis, continuar a operação do fluxo de trabalho sem esses dados ou introduzindo uma aproximação ou dando instruções ao sistema para utilizar uma predefinição.

B. Trabalhos relacionados

I. Realidade aumentada no exterior

Os sistemas de Realidade Aumentada são aqueles que contêm as propriedades: 1) combina objectos reais e virtuais num ambiente real, 2) funciona de forma interactiva e em tempo real; e 3) regista objectos reais e virtuais entre si. Esta investigação centrou-se nos ecrãs visuais como formato principal, em que o utilizador usa um ecrã montado na cabeça (HMD) com um sensor de orientação acoplado. Os sistemas de Realidade Aumentada para exteriores apresentam alguns problemas adicionais em relação aos seus homólogos para interiores, em grande parte no que diz respeito aos requisitos de hardware, que incluem o consumo de energia e o peso, mas outra questão que se coloca nos sistemas de Realidade

Aumentada para exteriores é a forma de interagir eficazmente com o espaço de trabalho disponível. Esta questão é crítica quando o sistema está potencialmente a utilizar um espaço de trabalho muito maior, como a grande área de jogo utilizada no AR Quake [42], em que andar de uma ponta à outra da zona de jogo pode demorar vários minutos, ou mesmo horas.

II. Interação com a realidade virtual

Três operações fundamentais que são tipicamente realizadas em ambientes virtuais interactivos são voar, escalar e agarrar, tal como descrito por Robinett. Voar é simplesmente a translação do ponto de vista do utilizador dentro do ambiente virtual e, na descrição de Robinett, é o movimento na direção em que o dispositivo de entrada rastreado, como uma luva ou um botão de pressão, está orientado. O escalonamento é uma técnica eficaz tanto para a navegação como para a visualização de um mundo virtual. O utilizador pode reduzir o ambiente para um tamanho conveniente para obter uma visão geral e, em seguida, pode mover o centro da escala e voltar a aumentar a escala do mundo para se deslocar facilmente para outro local. Agarrar é a capacidade de pegar e mover objectos no mundo virtual, bem como de os rodar enquanto estão na mão do utilizador. O agarrar pode ser efectuado ao alcance de um braço ou à distância. Houve muitas contribuições na área da interação em RV.Clark desenvolveu um editor de superfícies para a manipulação direta de splines utilizando um HMD e uma varinha; o 3-Draw de Sachs permite a criação de modelos arbitrários utilizando a manipulação direta de um estilete e de uma mesa digitalizadora; o JDCAD de Liang foi pioneiro em muitas técnicas novas, como lasers e luzes pontuais para ação à distância utilizando dispositivos de entrada 3D; o 3DM de Butterworth desenvolveu novas interfaces de utilizador para modelação imersiva em RV; o trabalho de Forsberg com aberturas alargou as luzes pontuais de Liang para utilizar um cursor circular na mão projetado da cabeça para a cena; As técnicas de plano de imagem de Pierce alargaram o conceito de projeção de abertura de Forsberg para introduzir uma série de métodos de seleção baseados na projeção das mãos e dos dedos do utilizador; o CHIMP de Mine implementou técnicas ao alcance do braço baseadas na propriocepção e em operações mundiais à escala; o Worlds-In-Miniature de Stoakley demonstrou a manipulação remota utilizando pequenas cópias do mundo nas mãos; Koller implementou técnicas de visualização orbital em que a rotação da cabeça do utilizador é mapeada para a posição do ponto de vista numa esfera, apontando constantemente para o centro. Os sistemas comerciais, como o SmartScene da MultiGen, implementam muitas das técnicas mencionadas anteriormente.

III. Interação com a realidade aumentada

Uma vez que os mundos virtual e físico estão alinhados, para se deslocar no mundo virtual é necessário que o utilizador se desloque também no mundo físico. Este método é utilizado por quase todos os sistemas de RA exteriores até à data, sob a forma de mapeamentos diretos das coordenadas GPS para a localização no mundo virtual. O movimento do utilizador é monitorizado por GPS e a sua posição no mundo virtual é continuamente actualizada de modo a refletir a sua posição no mundo físico. A limitação de ligar os mundos físico e virtual é que é difícil trabalhar para além da escala do utilizador. Se um objeto estiver a muitos quilómetros de distância ou for muito grande, o utilizador não é capaz de o alcançar fisicamente e de o agarrar. Embora as técnicas descritas anteriormente consigam ultrapassar este problema, requerem que a ligação entre o mundo físico e o virtual seja desligada através de escalonamento ou voo. Os sistemas de Realidade Aumentada anteriores, como o Tinmith, suportam a capacidade de efetuar operações de modelação à distância, utilizando técnicas de planos de trabalho de Realidade Aumentada e luvas de pinça com rastreio. No entanto, mesmo o Tinmith depende da possibilidade de selecionar um objeto a partir do ponto de vista atual sem quaisquer melhorias, o que restringe a gama de operações possíveis.

IV. Jogos de realidade aumentada

Até à data, foram criados vários sistemas de jogos de realidade aumentada, o primeiro dos quais é o AR2Hockey. No AR2Hockey, os jogadores usam HMDs e o jogo é jogado com tacos de hóquei físicos localizados numa mesa física. O único aspeto do jogo que é simulado é o movimento do disco. O AquaGauntlet, criado pelo MR Systems Lab, baseia-se no jogo mais antigo RV-Border Guards com objectivos semelhantes. O jogo é jogado num ambiente interior utilizando HMDs e armas de brincar. O objetivo é destruir todos os inimigos que aparecem, o que se consegue utilizando a arma através de uma combinação de gestos. O sistema MIND-WARPING é um sistema de jogos de RA que permite que diferentes utilizadores interajam com o sistema de diferentes formas, em vez de todos experimentarem as mesmas acções de diferentes perspectivas. Este jogo envolve dois jogadores, um que usa um HMD e luvas segmentadas por cores e o outro que usa uma bancada de trabalho com um ecrã integrado. O utilizador que usa o HMD deve então lutar contra os inimigos usando uma combinação de gestos com as mãos e um grito de kung fu.Touch- Space é a parte do sistema Game-City que é jogada num ambiente interior. A primeira parte do Game-City é essencialmente uma caça ao tesouro em RA num ambiente exterior. O Touch-Space é a parte mais complexa do sistema de jogo. Trata-se de uma verdadeira experiência de realidade mista com experiências de jogo de realidade virtual, tangível e aumentada em várias partes distintas e separadas.

C. Técnicas de interação em jogos

I. Registo real-virtual

A base do AR-RTS é o alinhamento do mundo físico com o mundo virtual. Se não estiver presente, a ilusão da RA é quebrada e a apresentação do mundo físico torna-se apenas um pano de fundo para o mundo virtual. A utilização de aplicações do tipo Magicbook pode facilmente eliminar o problema. Ao mudar para vistas imersivas de Realidade Virtual, podem ser aplicadas várias técnicas de interação. Quando o mundo virtual é apresentado em modo de Realidade Aumentada, é necessário desenhar objectos importantes, uma vez que o mundo real é apresentado como uma paisagem

II. Técnicas de interação em RV

Várias técnicas de Realidade Virtual podem ser aplicadas ao jogo com a utilização de transições AR-VR, tais como voar, técnicas de mundo à escala e vistas externas.

a. Voar

Num jogo RTS para computador, se uma batalha estiver a decorrer num ponto distante da posição do utilizador, basta um pequeno movimento do rato para percorrer milhares de metros de área de jogo em segundos. Uma metáfora análoga poderia ser alargada ao jogo AR-RTS, em que o utilizador pode utilizar uma técnica de voo de Realidade Virtual. Com esta técnica, seria possível percorrer grandes distâncias em muito pouco tempo e o jogador poderia, teoricamente, deslocar o seu ponto de vista para qualquer local do ambiente virtual. Esta funcionalidade proporcionaria um movimento ilimitado e rápido para qualquer ponto do ambiente virtual e, como seria igualmente fácil de utilizar para curtas distâncias, o jogador poderia recorrer a esta forma de movimento em vez das habituais interações de Realidade Aumentada.

b. Técnicas de mundo à escala

Para ultrapassar os problemas das interações distantes, uma possibilidade seria utilizar técnicas de mundo à escala. Isto daria essencialmente ao jogador a possibilidade de ver o mundo do jogo sob a forma de um mapa em pequena escala, à semelhança do que é feito nos jogos RTS para computador. Desta forma, o jogador seria capaz de ter uma visão estratégica global do campo de jogo, em vez de estar inteiramente confinado a decisões tácticas localizadas.

c. Vistas externas

As vistas orbitais podem ser implementadas de modo a que o jogador possa especificar qualquer uma das suas unidades como centro de rotação. Isto proporcionaria uma boa visão da área em redor dessa unidade, mas impediria o jogador de ver todo o mundo do jogo de uma só vez, o que pode desencorajá-lo de confiar demasiado nesta técnica de interação. Como a orientação da cabeça do utilizador é usada apenas para mover o ponto de vista em torno de um centro de rotação, torna-se impossível olhar diretamente para mais do que um objeto sem ter de mudar de vista novamente. Um ponto de vista flutuante pode ser implementado para proporcionar uma perspetiva semelhante à vista de cima para baixo utilizada nos jogos RTS para computador. O jogador pode especificar um ponto no chão, e depois o seu ponto de vista aparecerá num local a alguma distância acima do ponto especificado

d. Comparação de técnicas

As técnicas de voo e de mundo à escala fornecem a funcionalidade necessária, mas permitem um grau demasiado elevado de liberdade de movimentos virtuais. Os jogadores podem, por conseguinte, confiar demasiado nessas caraterísticas, o que seria prejudicial para o sistema em geral e o tornaria menos realista. A utilização intrínseca do movimento físico é uma parte agradável da experiência de jogo de realidade aumentada e, se o jogador não tirar partido dela, a utilização de uma plataforma de RA terá poucas vantagens. Se o jogador se enquadrasse neste padrão de utilização constante da técnica de interação de RV, não faria qualquer sentido executar o jogo num sistema móvel.

D. Posse

A possessão é a técnica de RA que foi desenvolvida para ultrapassar as limitações físicas do utilizador enquanto joga um jogo AR-RTS. A possessão permite ao utilizador selecionar qualquer uma das unidades de jogo que controla e assumir o controlo da visão da unidade do mundo. Se o jogador precisar de ver o que está a acontecer ao longe, pode selecionar qualquer uma das suas unidades que estejam perto do ponto de interesse para obter uma visão de perto.

I. Descrição

Essencialmente, a posse dá ao jogador o controlo direto da cabeça da unidade selecionada, enquanto ele controla o jogo como habitualmente. Para usar a posse, o jogador simplesmente posiciona o cursor de seleção sobre qualquer unidade amigável e executa o comando de posse. A visão de Realidade Aumentada do mundo do utilizador muda então para uma visão de Realidade Virtual do mesmo ambiente, e o seu ponto de vista irá mover-se e rodar para corresponder ao da unidade selecionada.

Figura 6.8 - O utilizador tem controlo sobre o ponto de vista, mas não sobre o movimento

Quando o utilizador estiver na vista de Realidade Virtual, terá o controlo de rotação normal do ponto de vista e poderá ver o que rodeia a unidade possuída, mas o seu movimento no mundo físico não terá qualquer efeito no movimento da unidade possuída, como ilustrado na Fig. 6.8. Para mover a unidade possuída, ou qualquer outra das suas unidades, o jogador pode efetuar selecções e dar comandos enquanto estiver na vista de Realidade Virtual, tal como faz numa vista de Realidade Aumentada. Enquanto possui uma unidade, o jogador pode dar quaisquer comandos que normalmente daria, o que significa que é possível utilizar um comando de posse noutra unidade e saltar do corpo de uma unidade possuída para outra. Uma vez que o jogador controla apenas os olhos da unidade, também é possível ordenar à unidade possuída que se desloque para outro local e o ponto de vista do jogador deslocar-se-á com ela.

II. Benefícios

A posse limita a liberdade que o jogador tem de mover o seu ponto de vista independentemente do seu corpo físico. Se tivesse sido implementada uma técnica de voo de Realidade Virtual normal, o jogador poderia facilmente deslocar o seu ponto de vista para qualquer local do ambiente virtual, como se mostra na fig. 6.9. Isto apresenta problemas porque o jogador pode confiar demasiado

Figura 6.9 - Vista do jogador antes de um comando de posse de bola

Figura 6.10 - Vista do jogador imediatamente após um comando de posse de bola

Muito por causa disso, e também porque elimina o importante aspeto de nevoeiro de guerra dos jogos RTS. Como o jogador está limitado a usar os pontos de vista das suas unidades, não pode simplesmente mover o seu ponto de vista para um local conveniente e deixá-lo lá. Os problemas inerentes a dar comandos precisos à distância tornariam difícil para o utilizador simplesmente possuir uma unidade e permanecer nessa vista durante todo o jogo. Uma grande vantagem é a natureza intuitiva da técnica de posse. Se o jogador pudesse voar livremente com o seu ponto de vista através do ambiente virtual, seria difícil compreender o que estava a ver, uma vez que se tornaria um ponto de vista sem corpo, sem ligações lógicas ao ambiente virtual e físico, como mostra a fig. 6.10. Usando a posse, é fácil compreender que estão agora a olhar através dos olhos de outra entidade no mundo virtual, ou que cada unidade tem uma câmara de vídeo ligada à sua cabeça através da qual podem olhar. No contexto de um jogo RTS, a posse também preserva o mecanismo de nevoeiro de guerra normalmente empregue nestes jogos. A visão do jogador é precisamente obscurecida por grandes unidades de jogo, estruturas ou terreno, e com a redução natural da visibilidade ao longo das distâncias, o jogador tem um campo de visão bastante limitado. O jogador pode simplesmente possuir qualquer uma das suas unidades para ver exatamente o que consegue ver, o que resulta numa implementação extremamente realista e realista do nevoeiro de guerra. Finalmente, a posse proporciona uma interface quase idêntica ao utilizador quando este se encontra numa vista de Realidade Virtual. O utilizador continua a ter o mesmo controlo de rotação sobre o seu ponto de vista e quase todos os comandos podem ser dados de forma idêntica a quando o utilizador está numa vista normal de Realidade Aumentada, com algumas pequenas excepções descritas mais tarde. Trata-se de um afastamento das vistas orbitais, que alterariam radicalmente o controlo do ponto de vista do utilizador, ou das técnicas de mundo à escala, em que o utilizador veria o mundo como um pequeno objeto que segura na mão.

III. Controlo do ponto de vista

Quando o jogador possui uma unidade, o seu ponto de vista muda para coincidir com o da unidade. Isto significa que se o jogador estiver a olhar para norte e a unidade estiver a olhar para sul, quando o jogador possuir a unidade o seu ponto de vista estará virado para sul no mundo virtual. Todo o movimento da cabeça do jogador é então efectuado em relação à orientação existente do corpo da unidade. A melhor metáfora que se pode fazer é que o jogador assume o controlo da torre de um tanque. O jogador pode olhar para a esquerda, para a direita, para cima e para baixo, mas todos estes movimentos são relativos ao corpo do tanque possuído. Isto significa que se a unidade possuída virar para a esquerda, o ponto de vista do jogador também rodará para a esquerda na mesma proporção. A Figura 6.9 e a Figura 6.10 ilustram o que acontece à vista do jogador quando este seleciona uma unidade para possuir.

IV. Diferenças de visualização

Um ponto importante a considerar é que o ponto de vista do utilizador será deslocado para o interior dos objectos virtuais quando estes são possuídos. Isto pode constituir um problema porque, quando são possuídos objectos grandes ou complexos, o modelo do objeto pode obstruir a visão do utilizador. Por este motivo, os objectos que são possuídos não são desenhados para o utilizador que os possui.

V. Interface

O jogador apenas controla a cabeça de uma unidade, em vez de assumir o controlo da própria unidade. Esta é uma distinção importante, uma vez que o controlo direto da unidade não permite a gestão de grupos à distância. Assim, para além da possibilidade de partilhar um ponto de vista com uma unidade amiga, o controlo do jogo é semelhante ao dos jogos RTS descritos anteriormente. As unidades são selecionadas individualmente, ou podem ser adicionadas ou removidas de uma seleção de grupo, e um cursor aparece por cima de todas as unidades atualmente selecionadas para o indicar. Todas as unidades selecionadas executarão quaisquer comandos dados. Os comandos são dados simplesmente posicionando o cursor sobre o alvo ou ponto desejado, e usando o sistema de menu para selecionar a ação apropriada para as unidades executarem. A única alteração na interface que ocorre entre a operação normal e o modo de posse é quando o utilizador deseja selecionar a entidade que está a ser possuída. Como o corpo do objeto possuído não é visível na vista normal, o utilizador precisa de outra forma de o selecionar. Isto é conseguido simplesmente fazendo com que o jogador selecione o chão ou o céu, o que seleciona o objeto atualmente possuído. A razão pela qual este critério de seleção é tão amplo prende-se com o facto de se esperar que o jogador queira frequentemente controlar a unidade que está a possuir para a poder manobrar à volta de obstáculos e ter uma visão clara do ambiente.

VI. Objectos do observador

O problema surge com esta técnica quando o utilizador pretende chegar rapidamente a uma área não ocupada por unidades amigas. Para além de querer espiar as acções de um inimigo, um utilizador pode também querer deslocar as suas unidades para locais precisos a alguma distância, o que é difícil de fazer a longa distância a partir do nível do solo devido à pequena área do solo apresentada à distância com uma projeção em perspetiva. Quando se utilizam aplicações que não têm quaisquer objectos existentes no ambiente que sejam adequados para posse, as técnicas anteriores não podem ser utilizadas na sua forma descrita.

Estes problemas com a técnica de posse podem ser ultrapassados utilizando objectos denominados objectos-observador. Os objectos observadores são objectos virtuais criados especificamente para tornar a técnica de posse mais fácil e mais eficiente de utilizar. Os objectos observadores podem ser considerados como câmaras que flutuam livremente. Estes objectos podem ser implementados de duas formas: como objectos sob o comando do utilizador ou como agentes autónomos inteligentes. Ter observadores dirigidos pelo utilizador tem a vantagem de este os poder instruir exatamente para onde ir e o que fazer, mas gerir os observadores é outra tarefa que pode sobrecarregar um utilizador já ocupado. Em alternativa, os agentes inteligentes podem ser extremamente eficientes e não necessitar de qualquer intervenção do utilizador, mas isso depende do seu grau de inteligência e, em aplicações complicadas, pode ser difícil criar observadores que saibam sempre onde são necessários. A forma exacta como os objectos observadores são implementados dependerá sempre da aplicação em questão. No jogo aqui descrito, os objectos observadores foram implementados como uma combinação dos tipos dirigidos pelo utilizador e inteligentes acima descritos. Os observadores são instanciados como helicópteros que recebem ordens do jogador que os possui como primeira prioridade. Quando o utilizador não lhes dá uma ordem, aproximam-se de quaisquer batalhas que estejam a decorrer no jogo e circulam-nas lentamente, sempre de frente para a batalha. Desta forma, o jogador pode sempre ver onde algo de interesse está a acontecer a partir das localizações das suas unidades de helicóptero, e pode ver exatamente o que é ao possuir o helicóptero. Para preservar o aspeto de nevoeiro de guerra do jogo, o observador é implementado como uma unidade de jogo padrão neste jogo. Isto impede o jogador de o deixar permanentemente em regiões hostis como espião, porque o inimigo pode destruí-lo como qualquer outro objeto, custando ao jogador um bem valioso e possivelmente insubstituível.

E. Jogos de realidade aumentada

Esta secção fornece uma visão geral do ARBattleCommander, abrangendo as caraterísticas que o jogo oferece, a interface que os jogadores utilizam e a plataforma em que funciona.

I. Visão geral do jogo

O ARBattleCommander está estruturado num estilo semelhante ao de um jogo RTS tradicional de secretária, como mostra a fig. 6.11. O jogador começa com um exército de unidades militares para controlar, e tem de destruir todas as forças do adversário. O jogador consegue-o dando comandos às suas unidades, tais como mover ou atacar.

Figura 6.11 - Um objeto observador autónomo que examina um ponto de interesse para o utilizador

a. Interface de comando

Para dar um comando, o jogador começa por selecionar todas as unidades que pretende que executem o comando, apontando o cursor para elas e utilizando o comando de seleção do menu. O cursor aparece como uma cruz no centro do HMD do utilizador e é movido com o movimento da cabeça ou da mão do utilizador. Todas as unidades que foram selecionadas têm diamantes a girar por cima delas. O jogador pode então emitir comandos apontando o cursor para o alvo e dando o comando apropriado (mover, atacar ou parar).

b. Descrições das unidades

Existem atualmente cinco tipos distintos de unidades militares implementadas no jogo, que são as seguintes 1) A Infantaria Padrão move-se lentamente, tem pouca vida e armas ineficazes, mas está disponível em grande número. 2) A Infantaria de Foguetões move-se muito lentamente, tem pouca vida, mas possui melhores armas do que a Infantaria Normal. 3) O tanque tem uma excelente blindagem, uma velocidade máxima elevada, uma aceleração razoável e uma arma forte, mas existem muito poucos disponíveis. 4) A artilharia é uma arma extremamente eficaz, com uma velocidade máxima razoável, uma blindagem média, mas com uma aceleração lenta e relativamente poucos disponíveis. 5) O helicóptero tem uma velocidade excelente, é mais difícil de atingir do que as unidades terrestres, mas não tem armas e só há um por jogador, com um certo grau de autonomia e desloca-se para assistir aos conflitos à medida que estes ocorrem.

c. Caraterísticas

A caraterística mais significativa que este jogo AR-RTS oferece em relação aos jogos RTS tradicionais é a perspetiva de jogo única. Nos jogos RTS tradicionais, os jogadores vêem o mundo de um ponto de vista top-down ou isométrico, muito acima do solo. Isto significa que, muitas vezes, os objectos não podem ser desenhados à escala e não é raro que os veículos grandes sejam apresentados apenas ligeiramente maiores do que pessoas individuais. Isto é particularmente evidente em jogos que incorporam grandes embarcações marítimas, como o popular jogo Command and Conquer - Red Alert. Uma vez que todos os objectos neste jogo baseado em AR são desenhados a partir de um modelo 3D e o jogador vê-os num ambiente físico exterior, é natural que tudo seja desenhado à escala do mundo real. Isto significa que, se fossem implementadas neste jogo embarcações marítimas de grandes dimensões, estas poderiam facilmente ser apresentadas com várias centenas de metros de comprimento e, à distância, não dominariam necessariamente a visão do jogador. Como mencionado anteriormente, um aspeto importante dos jogos RTS tradicionais é o nevoeiro de guerra. O jogo AR-RTS é jogado numa perspetiva de primeira pessoa, quer no corpo físico do jogador quer no corpo de uma das suas unidades, pelo que tudo tem uma linha de visão real no ambiente virtual. Ao possuir as suas unidades, é possível ao jogador ver tudo o que está na linha de visão de uma das suas unidades, o que proporciona um efeito de nevoeiro de guerra extremamente realista.

II. Interface

O ARBattleCommander mantém a metáfora de interação omnipresente e desencarnada proporcionada pelos jogos RTS tradicionais. Para tal, o utilizador continuará a ter uma representação no mundo virtual como ponto de referência enquanto estiver no modo de posse, mas este avatar é removido de todas as interações diretas do jogo. Uma vez que o jogador representa o comandante de um exército, a única forma de interagir com o mundo é utilizar a interface de comando para dirigir as acções das suas peças de jogo.

Foram criadas luvas de pinça Tinmith, mostradas na imagem de ecrã da Figura 6.11. Cada pá tem cinco botões, um por baixo de cada dedo ou polegar, para que a apresentação e a estrutura dos menus se mantenham válidas e significativas. São colocadas correias à volta das mãos do utilizador para que o jogador possa agarrar as pás sem as deixar cair. As pás foram consideradas uma forma menos intimidante para os utilizadores novatos controlarem a interface do utilizador, em comparação com as luvas Tinmith utilizadas anteriormente. Para fornecer informações espaciais para selecionar pontos e objectos, existem dois métodos simples disponíveis através do sistema Tinmith existente. O primeiro é utilizar um cursor de cabeça, que é simplesmente um retículo desenhado no centro do ecrã do utilizador, que o jogador aponta virando a cabeça diretamente para o alvo. A segunda é usar um rastreador de mão, que é implementado usando um marcador fiducial anexado às pás e rastreado pela câmara que é usada para a exibição de vídeo de Realidade Aumentada ao vivo. Usar a mão para apontar para um alvo parece ser uma maneira mais intuitiva de fornecer essa entrada, embora, como o rastreador de visão nem sempre é preciso ou robusto, às vezes é preferível usar o cursor de cabeça.

III. Servidor de jogos

O servidor de jogo trata de uma única instância de um jogo em curso. O servidor é responsável por toda a lógica do jogo e pela transmissão do estado do jogo a cada cliente, enquanto os clientes que se ligam a ele tratam das entradas dos jogadores e da apresentação dos dados. Quando um servidor é iniciado, vários clientes podem ligar-se a ele em qualquer altura. Após a sua ligação, o servidor atribui a cada cliente um exército de unidades que são colocadas no ambiente virtual, e os clientes podem então enviar comandos para as suas unidades para o servidor. A única informação que os programas clientes precisam de fornecer ao servidor são eventos de entrada do utilizador, tais como comandos selecionados a partir do menu e as posições actuais do cursor em coordenadas 3D. Os clientes têm conhecimento do estado atual do mundo do jogo através de mensagens constantemente transmitidas pelo servidor.

IV. O sistema Tinmith

O sistema Tinmith foi desenvolvido como uma plataforma de software para o desenvolvimento de aplicações móveis de RA ao ar livre. O software Tinmith existente foi previamente demonstrado em interação com o software de simulação baseado no protocolo DIS. O protocolo DIS é uma norma IEEE e suporta uma vasta gama de formatos de mensagens complexos. Em vez de implementar o servidor do jogo utilizando o protocolo DIS, foi utilizado um formato muito mais simples para facilitar a implementação e permitir mensagens específicas do jogo. A interface DIS existente no Tinmith foi modificada para suportar também o novo protocolo de jogo. Cada objeto do jogo transmite uma mensagem a intervalos regulares, que é transmitida a todos os programas clientes. Estas mensagens são conhecidas como mensagens de estado, e uma delas descreve a posição e o estado actuais de um objeto no jogo. A entrada do jogador é fornecida através de mensagens enviadas através da ligação TCP com o servidor, conhecidas como mensagens de comando. Quando um jogador dá um comando, toda a informação requerida pelo jogo é armazenada num pacote e enviada para o servidor. As mensagens de comando são concebidas para fornecer detalhes da interface para o jogo, descrevendo quaisquer comandos que o jogador tenha dado. São também utilizadas pelo servidor para transmitir mensagens de morte à interface quando um objeto deixa de existir, e por um programa cliente para sinalizar quando está pronto para entrar no jogo. O número de mensagens de comando é proporcional ao número de jogadores. As mensagens de estado são concebidas para fornecer todos os detalhes essenciais, como a posição e a orientação de todos os objectos do jogo em qualquer momento. O servidor utiliza estas mensagens para partilhar com os clientes o estado atual do jogo. Estas mensagens podem ser transmitidas por UDP, uma vez que os pacotes perdidos serão rapidamente actualizados com mensagens mais recentes. O UDP é muito mais eficiente do que o TCP em ambientes onde há um grande número de entidades e também suporta a transmissão em redes locais. Cada sistema de AR móvel executa o software Tinmith, que actua como um programa cliente para o servidor do jogo. O Tinmith apresenta toda a informação relacionada com o jogo ao utilizador através de um HMD transparente, processando as entradas do utilizador através do seu sistema de menus e dos dados dos sensores, e acompanhando o movimento do utilizador no ambiente virtual.

V. Lições aprendidas

Foram efectuados três grandes conjuntos de testes. Cada um dos testes descritos em pormenor abaixo foi realizado como um estudo informal da mochila Tinmith num ambiente exterior típico.

a. Testes iniciais

Antes dos testes no exterior, foram efectuados vários testes no interior para verificar o funcionamento do jogo.

i. Comunicações cliente-servidor

Durante os testes dos sistemas de comunicação, foi encontrado um problema importante em relação à velocidade de jogo pretendida. Sem querer implementar métodos de interpolação do lado do cliente, como é feito no protocolo DIS, que só é atualizado a cada poucos segundos, era necessário gerar uma elevada frequência de mensagens de estado para cada objeto, para que os seus movimentos parecessem suaves para o utilizador. Quando havia um grande número de entidades no jogo, era gerada uma grande quantidade de tráfego que não podia ser tratada pelos programas clientes. Muitas mensagens de estado enviadas foram consideradas redundantes porque a maioria das entidades estavam paradas ou a mover-se muito lentamente; as mensagens de estado foram ajustadas para serem emitidas apenas quando o estado da entidade tinha mudado. É utilizado um timeout para garantir que os objectos são actualizados a cada poucos segundos, para que os clientes recém-conectados recebam informações sobre todos os objectos no jogo.

ii. Ecrã de informação

Inicialmente, foi fornecido um modelo de fundo para o jogo (constituído por uma paisagem montanhosa e um horizonte) para melhorar o contraste visual com os objectos do jogo no modo AR e também para fornecer algum cenário para as vistas imersivas de Realidade Virtual. Quando o jogo foi visualizado no seu modo normal de Realidade Aumentada, verificou-se que o modelo de fundo bloqueava demasiado a visão do jogador do mundo físico. Foram testadas várias paisagens simplificadas, mas os modelos de fundo acabaram por ser abandonados por completo. No modo de Realidade Aumentada, apenas são desenhados os objectos de jogo importantes e o Tinmith desenha um plano de solo e uma caixa de nuvens apenas para as vistas imersivas de Realidade Virtual. O ambiente físico é capturado com uma câmara de vídeo para fornecer o resto dos detalhes necessários para o jogo.

b. Primeiro conjunto de testes no exterior

Este conjunto de testes foi realizado no sistema com uma interface de utilizador e um servidor de jogo totalmente funcionais. Embora a técnica de posse tenha sido implementada, não havia objectos observadores no jogo e a posse dependia apenas das unidades terrestres disponíveis do jogador. Foram avaliados alguns jogos simples.

i. Seleção

A seleção precisa de objectos com menos de um metro de largura podia ser efectuada de forma consistente a 30 metros de distância. No entanto, devido aos grupos relativamente densos em que os objectos eram inicialmente criados, as selecções precisas entre objectos de um grupo eram extremamente difíceis. A posse foi usada para saltar para os pontos de vista de várias entidades, e depois usada para navegar através de objectos numa multidão numa série de passos, o que permitiu contornar o problema da seleção. Em primeiro lugar, como o ponto de vista salta imediatamente de um objeto para outro e os objectos não são desenhados quando são possuídos, é por vezes confuso saber que unidade está a ser possuída. Em segundo lugar, a posse exige que o ponto de vista do jogador gire para coincidir com o do objeto. Acreditamos que a utilização de técnicas de animação como as descritas por Thomas e Caulder para interpolar entre pontos de vista ajudará o utilizador a compreender melhor as suas operações de posse.

ii. Movimento

O movimento revelou-se difícil em longas distâncias. Ao tentar comandar uma unidade para se mover a mais de aproximadamente 50 metros de distância, a precisão foi reduzida para cerca de 5 metros. Isto deveu-se à pequena fração da superfície do solo visível a essa distância causada pela perspetiva de profundidade. O Possession só foi capaz de resolver este problema nos casos em que havia outra unidade amiga mais próxima do local do alvo.

iii. Consciência situacional

Quando havia batalhas a decorrer a qualquer distância do jogador, por vezes passavam despercebidas. Como o jogo não implementa atualmente quaisquer sinais sonoros, o jogador tem de confiar no seu sentido de visão para se aperceber do que está a acontecer. Nalguns casos, mesmo um exame minucioso do campo de batalha não teria ajudado, porque grandes grupos de unidades estavam a obstruir a visão do jogador do conflito.

iv. Entrada

Ao longo deste teste, foram utilizados os cursores de entrada baseados na cabeça e na mão, e a utilização do monitor de mão pode ser vista na Figura 6.12. O cursor de cabeça foi geralmente preferido, porque o rastreador de mão deu uma entrada ligeiramente mais instável do que o rastreador de cabeça, tornando os alvos distantes mais difíceis de selecionar. O rastreio visual da entrada baseada na mão foi afetado negativamente pela variação das condições de luz, e estamos a trabalhar no desenvolvimento de novas formas de melhorar este rastreio em exteriores.

v. Conclusões do teste

Para resolver os problemas de seleção no meio de uma multidão, foram identificadas duas opções. A primeira é introduzir uma transição AR/VR suave quando o jogador possui um objeto, semelhante à transição utilizada no livro Magic. A segunda solução consistiria em permitir, de alguma forma, um ponto de vista virtual mais elevado para o jogador, tornando assim possível ver por cima de muitas das unidades do grupo. A segunda opção é preferível, porque a posse só era desorientadora em grupos com muita gente, devido à seleção de uma unidade incorrecta. A introdução de uma transição nestas circunstâncias tornaria óbvio qual a unidade selecionada, mas continuaria a exigir que o jogador se reorientasse após cada comando de posse. Para resolver o problema da precisão à distância devido à atenuação do solo, fornecemos ao jogador os meios para elevar virtualmente o seu ponto de vista de forma significativa. Para resolver o problema da precisão à distância devido à atenuação do solo, fornecemos ao jogador um meio de elevar virtualmente o seu ponto de vista de forma significativa. A técnica de visão orbital foi investigada em primeiro lugar. Esta técnica proporcionou uma boa visão global da área de jogo, mas dificultou a manipulação de objectos, uma vez que os cursores não estão disponíveis. Uma segunda solução consistia em introduzir helicópteros que o jogador pudesse possuir. Por razões de jogo, foi decidido que estas unidades deviam ser dedicadas apenas a actividades de movimentação e observação, para que o jogador não as ocupasse constantemente envolvendo-as em combate. Ao adicionar um nível de inteligência a estas unidades, também seria possível melhorar ainda mais a consciência situacional do jogador, fazendo com que as unidades se movessem automaticamente para observar eventos importantes do jogo.

Figura 6.12 Um cenário de jogo

d. Segundo conjunto de testes no exterior

Este conjunto de testes investigou as novas técnicas de consciência situacional envolvendo objectos observadores (helicópteros) com um pequeno grau de autonomia.

i. Seleção e movimento

Com a introdução dos helicópteros, as selecções entre grupos de objectos tornaram-se mais fáceis. Quando o helicóptero do jogador estava por perto e parado, proporcionava uma plataforma muito útil para fazer selecções e uma boa visão geral da área de jogo. Quando um helicóptero estava a observar ativamente uma peça do jogo e, portanto, a circular em torno da peça do jogo, este movimento constante dificultava as selecções precisas entre grupos. As selecções exactas ainda eram possíveis, mas eram necessários vários segundos para ajustar e compensar o movimento constante do helicóptero. Nos casos em que as selecções entre grupos tinham de ser feitas mas o helicóptero estava noutro local, era simples ordenar ao helicóptero que regressasse para que pudesse ser utilizado como plataforma de observação. Devido à inteligência simples que tinha sido implementada, o helicóptero só ficava numa área se o jogador o mandasse focar num ponto específico. Isto representou um problema, porque embora ainda pudesse ser utilizado como plataforma de visualização, as selecções demoravam mais tempo devido ao movimento constante entre diferentes eventos à medida que estes aconteciam. Como os helicópteros pairam a 20 metros acima do solo, têm uma visão muito melhor do solo abaixo, pelo que as unidades podem ser deslocadas com precisão a grandes distâncias. Nas situações em que o helicóptero estava em movimento, como na seleção, a precisão ainda era possível, mas demorava algum tempo a ajustar-se ao movimento do ponto de vista. Este ajustamento pode ser visto como mais um desafio para os jogadores do jogo, para tornar o jogo mais difícil mas agradável.

ii. Consciência situacional

A implementação de helicópteros semi-autónomos provou ser uma decisão valiosa no que diz respeito à consciência do jogador. Em vez de estar constantemente a olhar em volta para ver se estavam a acontecer eventos importantes, era uma questão simples de localizar a posição do helicóptero no céu. Se estivesse a acontecer um conflito, o helicóptero deslocar-se-ia até ele e observá-lo-ia de perto. A constante

O movimento do helicóptero durante a observação destes eventos também ajudou a chamar a atenção para ele e tornou-o mais fácil de localizar. Se o helicóptero estiver parado, o utilizador sabe que não está a acontecer nada de interessante.

iii. Equilíbrio AR-VR

Foi dada especial atenção ao tempo que o utilizador passou a utilizar as vistas de RA e RV. Como referido anteriormente, não há razão para ter um jogo AR-RTS ao ar livre que seja jogado inteiramente de uma perspetiva VR. Durante os testes, verificámos que aproximadamente 90% do tempo do utilizador foi passado nas vistas AR. Um fator que contribuiu para isso foi o ambiente em que o sistema foi testado. Não era possível fazer grandes movimentos e o local era uma área relvada com cerca de 40 metros de comprimento perto de uma pequena estrada, o que impedia o utilizador de andar muito. Além disso, se o utilizador quiser andar, tem de mudar para a vista de RA para poder navegar em segurança no ambiente físico. A caminhada do utilizador é um fator importante para garantir que o utilizador está a funcionar no modo AR e não no modo VR, o que era uma preocupação inicial. Embora as vistas de RV quando se possuía um helicóptero fornecessem informações precisas a longas distâncias, era mais fácil caminhar até às unidades próximas quando se efectuavam selecções de grupos. Embora a posse se tenha revelado útil para executar tarefas específicas que, de outra forma, seriam impossíveis, no geral reduziu a perceção dos eventos do jogo à medida que estes aconteciam. Isto pode dever-se em grande parte ao facto de todas as unidades do jogo, à exceção do helicóptero, terem pontos de vista mais baixos do que o do utilizador, o que faz com que outros objectos obstruam mais a visão do utilizador. Além disso, embora o helicóptero proporcionasse uma boa visão global da área de jogo, a sua natureza semi-inteligente fazia com que se movesse muito, o que tornava os períodos prolongados nos seus pontos de vista ligeiramente irritantes. Esta situação poderia ser melhorada se fosse acrescentada uma lógica mais inteligente ao helicóptero.

iv. Conclusões do teste

O jogo foi significativamente mais fácil neste teste, devido à introdução das unidades de helicóptero. Estes tornaram possível o movimento preciso em distâncias, ajudaram na selecção de grupos e também aumentaram a consciência situacional até certo ponto.

A inteligência presente nos helicópteros revelou-se bastante útil no geral. Tornou possível ao jogador ver imediatamente quando uma batalha estava a decorrer e obter imediatamente uma boa visão da mesma ao possuir o helicóptero. Este comportamento autónomo tornou o helicóptero irritante de utilizar durante um período de tempo prolongado, uma vez que se deslocava constantemente de uma área para outra quando estavam a decorrer várias batalhas. Por outro lado, isto incentivou a utilização da vista de RA durante a maior parte do tempo e não afectou significativamente a utilização do helicóptero durante curtos períodos de tempo. Uma caraterística útil que pode ser implementada para os helicópteros é um comando extra que os instrua a pairar sobre a cabeça do jogador durante um certo período de tempo. O jogador poderia então possuir o helicóptero para elevar facilmente a sua visão para cima, e não ter de se preocupar com o facto de o helicóptero se afastar imediatamente para observar os acontecimentos noutro local. A consciência situacional ainda parecia faltar no geral, uma vez que era possível perder de vista o helicóptero e depois não estar ciente de quando as batalhas estavam a decorrer.

Resumo

Assim, é apresentado um sistema que permite ao utilizador visualizar objectos ocultos, utilizando sistemas Tinmith que ajudam o utilizador a trabalhar em ambientes desconhecidos, criando modelos 3-D de acordo com os requisitos da secção 6.2.1. Este sistema também é capaz de remover objectos indesejáveis que causam obstáculos, utilizando sobreposições. O utilizador pode visualizar a imagem a partir de locais remotos utilizando uma plataforma robótica móvel que capta imagens e permite ao utilizador visualizá-las através de um ecrã picture-in-picture. Na secção 6.2.2, foram realizadas algumas experiências para identificar a velocidade e a precisão da localização das posições dos marcadores utilizando participantes no interior e no exterior, de modo a verificar se a visão transparente é melhor do que um ecrã LCD normal. Os participantes no exterior demonstraram uma maior precisão na determinação da posição dos marcadores, mas demoraram mais tempo do que os participantes no interior com o ecrã tradicional. Os resultados indicaram que o sistema de visão transparente torna a observação de vários vídeos significativamente mais fácil de compreender do que quando são apresentados simultaneamente num monitor. Em tarefas mais complexas que exigem que os utilizadores comparem e alinhem dois locais do mundo real, os utilizadores no exterior foram mais rápidos, mas o erro do localizador causou uma menor precisão. Na secção 6.2.3, os resultados apoiam a hipótese de que as abordagens baseadas em pistas visuais são significativamente mais rápidas para tarefas de navegação do que uma abordagem apenas áudio para a navegação colaborativa em espaços mistos. Embora não tenha havido diferenças significativas entre a eficiência das técnicas baseadas em gestos e baseadas no rato, observou-se que os participantes da condição baseada em gestos utilizaram uma gama mais vasta de técnicas do que os participantes baseados no rato para navegar no utilizador imerso. Isto sugere que a abordagem baseada em gestos é uma técnica mais expressiva e mais capaz de facilitar a comunicação de intenções. Uma análise mais aprofundada dos resultados tentará extrair mais informações sobre a natureza expressiva da interface. Será também efectuada uma análise mais aprofundada da utilização de palavras entre as várias condições, uma análise do número de saídas possíveis e dos níveis de conforto entre as várias interfaces.

Na secção 6.3.1, é desenvolvida uma interface de utilizador unificada de Realidade Aumentada/Realidade Virtual com luvas de entrada rastreadas, técnicas de plano de imagem e um sistema de controlo de menus, sendo possível criar aplicações que podem ser utilizadas para construir modelos 3D complexos de objectos em ambientes interiores e exteriores, partilhando uma interface comum e concebida para aplicações colaborativas. Foi também observada uma aplicação de busca e salvamento, em que os utilizadores no exterior podem assinalar danos e alterações em edifícios. Na secção 6.3.2, é escolhido um sistema que utiliza FPGA e hardware personalizado como sistema de rastreio de mãos. O algoritmo utilizado também deve ser adequado e deve ser testado em condições exteriores em tempo real. Assim, com a utilização destas técnicas, é possível miniaturizar o consumo de energia e o peso num futuro próximo. Na secção 6.4, é discutida a tecnologia de posse utilizada nos jogos de RA. A realidade aumentada proporciona um ambiente interessante e estimulante para futuras aplicações. É provável que as aplicações de entretenimento desempenhem um papel importante no desenvolvimento deste domínio e os consumidores vão, sem dúvida, querer uma gama diversificada de estilos de jogo. Infelizmente, devido aos requisitos de uma RA eficaz, os jogos jogados nesse ambiente exigem que o movimento dos utilizadores no mundo virtual esteja ligado ao seu movimento no mundo físico. Isto representa um problema quando se tenta criar jogos que dêem aos jogadores a liberdade de escapar às limitações do seu próprio corpo. Um jogo de estratégia em tempo real é um género popular que ainda não foi implementado em ambientes de RA exteriores e requer uma metáfora de interação fundamentalmente diferente de outros jogos de RA atualmente existentes. Os jogos RTS exigem que um único jogador possa controlar eficazmente um exército inteiro e, quando esse exército é representado em escala real no mundo real, torna-se óbvio que o jogador deve ser capaz de ultrapassar as suas limitações físicas para atingir o seu objetivo. Foi desenvolvido um jogo AR-RTS, AR Battle Commander, que deve ser jogado ao ar livre na mochila móvel Tinmith AR para experimentar técnicas de interface para ultrapassar estas limitações.

A posse fornece um meio facilmente compreensível de mover o ponto de vista do jogador, permitindo-lhe ver o mundo através dos olhos das suas unidades. Embora lhe dê controlo sobre o ponto de vista da unidade, o jogador interage com o jogo da forma habitual. O jogador continua a ter de dar comandos para mover as suas unidades e não tem qualquer forma de controlo direto sobre a unidade que possui. A posse permite ao jogador mover instantaneamente o seu ponto de vista para qualquer local onde tenha unidades, e continuar a interagir com as suas forças da mesma forma, permitindo manipulações fáceis de grandes grupos de unidades a qualquer distância. Foi também introduzido o conceito de objectos observadores, que são objectos concebidos para serem utilizados principalmente como câmaras para o utilizador possuir e obter pontos de vista externos melhorados que de outra forma não seriam possíveis. Os testes informais do jogo indicaram que a utilização da técnica de posse permitia uma entrada precisa a longas distâncias sem exigir que o jogador se movesse no mundo físico. Além disso, como os objectos observadores foram implementados com um certo grau de autonomia e as outras unidades não conseguiram obter uma visão tão boa como a do jogador no mundo físico, não houve incentivo para confiar demasiado na técnica e, assim, negar os benefícios de executar o jogo numa plataforma de RA.

Referências

[1] . Ronald T. Azuma, "A Survey of Augmented Reality". R. Azuma, "A Survey of Augmented Reality," Presence: Teleoperators and Virtual Environments, vol. 6, no. 4, Aug. 1997, pp. 355-385

[2] . Jonathan J. Hull, Bema Erol, Jamey Graham, Qifa Ke, Hidenobu Kishi, Jorge Moraleda, Daniel G. Van Olst, Realidade aumentada baseada em papel. 17ª Conferência Internacional sobre Realidade Artificial e Telexistência 2007

[3] . Mackay, W.E. (1998) Augmented Reality: linking real and virtual worlds. Em Actas da ACM AVI '98, Conferência sobre Interfaces Visuais Avançadas. L'Aquila, Itália: ACM. Discurso de abertura, pp. 1-9.

[4] . Wendy E. Mackay, Augmented Reality: Um novo paradigma para interagir com os computadores, (março de 1996). Realidade Aumentada: o melhor dos dois mundos. La Recherche, Numero Especial 284: O computador de bolso e de mão.

[5] . Ronald Azuma, Yohan Baillot, Reinhold Behringer, Steven Feiner, Simon Julier, Blair MacIntyre. Recent Advances in Augmented Reality (Avanços recentes em realidade aumentada). IEEE Computer Graphics and Applications 21, 6 (Nov/Dez 2001), 34-47.

[6] . Ronald T. Azuma, HRL Laboratories, The Challenge of Making Augmented Reality Work Outdoors, In Mixed Reality: Merging Real and Virtual Worlds. Yuichi Ohta e Hideyuki Tamura (ed.), Springer-Verlag, 1999. Capítulo 21 pp. 379-390.

[7] . Integrating Augmented Reality in the Web, Romain Bellessort, Youenn Fablet Canon Research France, Position Paper for W3C Augmented Reality on the Web Workshop (15-16 de junho de 2010).

[8] . H.L. Pryor, T. A. Furness, e E. Viirre, "The Virtual Retinal Display: A New Display Technology Using Scanned Laser Light", Proc. 42nd Human Factors Ergonomics Soc., Santa Monica, Calif, 1998, pp. 1570-1574.

[9] . Bajura, Mike, Henry Fuchs e Ryutarou Ohbuchi. Fundindo a realidade virtual com o mundo real: Vendo imagens de ultrassom dentro do paciente. Actas da SIGGRAPH '92 (Chicago, IL, 26-31 de julho de 1992). Em Computação Gráfica 26, 2 (julho de 1992), 203-210.

[10] . Mackay, W. e Pagani, D. (outubro de 1994). Video Mosaic: Laying out time in a physical space. Actas de Multimedia '94 . São Francisco, CA: ACM

[11] . Introdução à Realidade Aumentada R. Silva, J. C. Oliveira, G. A. Giraldi. Laboratório Nacional de Computação Científica, Av. Getúlio Vargas, 333 - Quitandinha - Petrópolis-

RJ Brasil. Getulio Vargas, 333 - Quitandinha - Petropolis-RJ Brasil rodrigo jauvane, gilson@lncc.br

[12] . Collaborative Augmented Reality Mark Billinghurst, Hirokazu Kato communications oof the ACM- how virtual inspires the real CACM Homepage Archive. Volume 45, Número 7, julho de 2002.

[13] . Realidade Aumentada Mikko Sairio, Universidade de Tecnologia de Helsínquia msairio@cc.hut.fi

[14] . IEEE Virtual Reality 2010 20 - 24 março, Waltham, Massachusetts, EUA 978-1- 4244-6236-0/10/$26.00 ©2010 IEEE

[15] . Telegeoinformática: Computação e serviços baseados na localização. H Karimi e A. Hammad (eds.). Taylor & Francis Books Ltd., 01/2004

[16] . Inovação e actividades de I&D em equipas virtuais European Journal of Scientific Research ISSN 1450-216X Vol.34 No.3 (2009), pp.297-307 © EuroJoumals Publishing, Inc. 2009 http://www.eurojoumals.com/ejsr.htm

[17] . [Billinghurst 2002] Billinghurst, M., Kato, H., Kiyokawa, K., Belcher, D., Poupyrev, I. (2002) Experiments with Face to Face Collaborative AR Interfaces. Virtual Reality Journal, Vol 4, No. 2, 2002.

[18] . Billinghurst, M., Bowskill, J., Dyer, N., e Morphett, J. 1998. Apresentação de informações espaciais num computador portátil. IEEE Computer Graphics and Applications, 18(6):24-31.

[19] . Feiner, S., MacIntyre, B., et al., (1993b), Windows on the World: 2D Windows for 3D Augmented Reality. Actas do Simpósio ACM sobre Software e Tecnologia de Interface de Utilizador. Atlanta, GA, Association for Computing Machinery

[20] . Jalkanen J., (2000), Building a spatially immersive display - HUTCAVE, tese de licenciatura, Universidade de Tecnologia de Helsínquia.

[21] . Macedónia, M.R., et al. , Exploiting Reality with Multicast Group: Uma arquitetura de rede para ambientes virtuais de grande escala. IEEE Computer Graphics & Applications, 1995 (setembro de 1995), 38-45.

[22] . Barrus, J.W., R.C. Waters, e D.B. Anderson, Locales and Beacons: Efficient and Precise Support For Large Multi-User Virtual Environments. 1996, Mitsubishi Electric Information Technology Center America. http://www.merl.com/reports/TR95-1 6a

[23] . Gestão de interesses em três níveis para ambientes virtuais de grande escala Howard Abrams abramsh@acm.org Kent Watsen watsen@acm.org Michael Zyda zyda@siggraph.org Departamento de Ciências da Computação Escola de Pós-graduação Naval Monterey, Califórnia 93943-5118 EUA

[24] . "RING: A Client-Server System for Multi-User Virtual Environments", Proc. Siggraph Symposium on Interactive 3D Graphics, Monterey, abril, 1996

[25] . JADE: Java Adaptive Dynamic Environment Manuel Oliveira Jon Crowcroft Mel Slater University College London Computer Science Department

[26] . Requisitos de Infraestrutura de Internetwork para Ambientes VirtuaisDonald P. Brutzman, Michael R. Macedonia e Michael J. Zyda Departamento de Ciências da Computação, Escola Naval de Pós-Graduação

[27] . Um sistema de formação em ambiente virtual imersivo na plataforma de movimento em tempo real Jian Chen*, Yung-Chin Fang, R. Bowen Loftin, Ernst L. Leiss, Ching-yao Lin e Simon Su Department of Computer Science Virginia Modeling Analysis & Simulation Cente.

[28] . Um Espaço de Conferência Espacial Vestível M. Billinghursta, J. Bowskillb, M. Jessopb, J. Morphettb aLaboratório de Tecnologia de Interface Humana

[29] . Bryson, a realidade virtual na visualização científica.

[30] . Gestão dinâmica da distribuição de dados baseada em grelha em simulações distribuídas

em grande escala Amber Joyce Roy, A. B.

[31] . R.Waters, D.Anderson, J.Barrus, D. Borgan, M.Casey, s.Mckeown, I.Nitta, I.Sterus, W.Yerazunis, Diamond Park e Spline: um sistema de realidade virtual social com animação 3D, interação falada e modificabilidade em tempo de execução. MERL- Um laboratório de investigação da Mitsubishi Electronis, novembro de 1996

[32] Schwartz, P., Bricker, L., Campbell, B., Furness, T., Inkpen, K., Matheson, L., Nakamura, N., Shen, L.-S., Tanney,S., e Yeh, S. (1998). Virtual Playground: Arquitecturas para um mundo virtual partilhado. In Proceedings of the ACM Symposium on Virtual Reality Software and Technology 1998 (pp. 43-50). Nova Iorque: ACM.

[33] Benjamin Avery,Wayne Piekarski e Bruce H. Thomas.Visualizing Occluded Physical Objects in Unfamiliar Outdoor Augmented Reality Environments .Wearable Computer Laboratory School of Computer and Information Science University of South Australia.2007.Mawson Lakes, SA, Australia.

[34] Benjamin Avery, Bruce H. Thomas e Wayne Piekarski. Avaliação pelo utilizador de uma visão transparente para realidade aumentada móvel ao ar livre. Laboratório de Computação Vestível Escola de Ciências da Computação e da Informação.2008.Universidade da Austrália do Sul

[35] Aaron Stafford, Bruce H. Thomas e Wayne Piekarski. Eficiência de técnicas para navegação colaborativa em espaços mistos. Wearable Computer Lab.2008. Universidade do Sul da Austrália

[36] Wayne Piekarski e Bruce H. Thomas. Tinmith-Hand: Tecnologia de Interface de Utilizador Unificada para Realidade Aumentada Móvel Exterior e Realidade Virtual Interior. Laboratório de Computadores Vestíveis Escola de Ciências da Computação e Informação. 2002.

[37] Wayne Piekarski, Ross Smith, Grant Wigley, Bruce Thomas, David Kearney. Rastreamento de mão móvel usando FPGAs para realidade aumentada de baixa potência. Laboratório de Computação Vestível e Laboratório de Computação Reconfigurável2. Escola de Computação e Ciência da Informação.2004. Universidade do Sul da Austrália.

[38] Keith Phillips e Wayne Piekarski. Técnicas de posse para interação em jogos de realidade aumentada de estratégia em tempo real. Wearable Computer Lab, Universi.2OO5. Universidade do Sul da Austrália.

[39] Aaron Stafford, Wayne Piekarski e Bruce H. Thomas. Implementação de técnicas de interação semelhantes às de Deus para apoiar a colaboração entre utilizadores de RA exteriores e de mesa interiores. Laboratório de Computação Vestível. Escola de Informática e Ciências da Informação. 2006 Universidade da Austrália do Sul

[40] Bruce H. Thomas, Gerald Quirchmayr e Wayne Piekarski. Comunicação através de paredes para serviços de emergência médica.Wearable Computer Laboratory.School of Computer and Information Science.2006.University of South Australia

[41] Debevec, P., Y. Yu, e G. Borshukov. Efficient View-Dependan Image-Based Rendering with Projective Texture Mapping in 9thEurographics Rendering Workshop. 1998. Viena, Áustria.

[42] Bruce Thomas, Nicholas Krul, Benjamin Close e Wayne Piekarski. Questões de usabilidade e jogabilidade para o ARQuake.2001 Universidade da Austrália do Sul.

[43] E.J. Ong, R. Bowden, "A boosted classifier tree for hand shape detection", Automatic Face and Gesture Recognition, 2004. Sexta Conferência Internacional do IEEE, 17-19 de maio de 2004, pp. 889-894.

[44] Ming Chen, Yimin Chen, Zhengwei Yao, "A Virtual and Real HCI System Based on Artificial Immune System" Segunda Conferência Internacional sobre Computação Genética e Evolutiva 978-0-7695-3334-6/08 $25.00 © 2008 IEEE DOI 10.1109/WGEC.2008.19

[45] Shuying Zhao, Wenjun Tan, Chengdong Wu, Chunjiang Liu, Shiguang Wen, "A Novel

Interactive Method of Virtual Reality System Based on Hand Gesture recognition" *2009 Chinese Control and Decision Conference (CCDC 2009).*

[46] Yuan Yao, Milao Liang zhu, "hand tracking in time varying illumination" Actas da Terceira Conferência Internacional sobre Aprendizagem Automática e Cibernética, Xangai; 26-2b de agosto de 2004.

[47] Malassiotis, Niki Aifanti, e Michael G. Strintzis, "Personal Authentication Using 3-D Finger Geometry" IEEE transactions on Information forensics and security, Vol 1, no 1, março de 2006.

[48] X. Zabulisy, H. Baltzakisy, A. Argyroszy," Vision-based Hand Gesture Recognition for Human-Computer Interaction" Institute of Computer Science Foundation for Research and Technology - Hellas (FORTH) Heraklion, Creta, Grécia.

[49] Reza Hassanpour, Asadollah Shahbahrami," Human Computer Interaction Using Vision-Based Hand Gesture Recognition".

[50] Fang Zhu, Xinwei Yang, "A new method for people counting based on support vetor machine", 978-0-7695-3852-5/09 $26.00 © 2009 IEEE DOI 10.1109/ICINIS.2009.94

[51] Xi Zhao, Emmanuel Dellandrea,"People counting system based on face detection and tracking in video", 978-0-7695-3718-4/09 $25.00 © 2009 IEEE DOI 10.1109/AVSS.2009.45

[52] Duc Fehr, Ravishankar Sivalingam,"Counting people in group", 978-0-7695-3718- 4/09 $25.00 © 2009 IEEE DOI 10.1109/AVSS.2009.55

[53] Duan-Yu Chena, Chih-Wen Sub, Yi-Chong Zengb, Shih-Wei Sunb, Wei-Ru Laic, e Hong-Yuan Mark Liao "An Online People Counting System for Electronic Advertising Machine" 978-1-4244-4291-1/09/$25.00 ©2009 IEEE 1262ICME 2009.

[54] T.zhao,R.Nevatia, 'Tracking multiple humans in complex situation," IEEE Transactions on Pattern Analysis and Machine Intelligence , vol .26,no 9, 2004,pp.1208-1221

[55] T.Zhao,R.Nevatia,B,Wu, "Segmentation and tracking of multiple humans in crowded environment," IEEE Transactions on Pattern Analysis and Machine Intelligence,vol .30,no 7, 2007 ,pp.1198-1211

[56] Quing Ye "A roboust Method for Counting People in Complex Indoor Spaces" 978- 1-4244-6370-1/$26.00,2010 IEEE

Printed by Books on Demand GmbH, Norderstedt / Germany